↓→ 小番茄用烤箱烘烤
甜味倍增

↑用蒸煮的方式料理海瓜子

↑ 地中海飲食菜色
油拌海瓜子、鷹嘴豆與燒烤小番茄（作法 P.59）

↓ 加入橄欖油

↑ 直接摘院子裡種植的香草入菜

↑ 用食物調理機攪打成青醬

↑ 地中海飲食菜色
烤茄子與四季豆青醬沙拉（作法→ p.60）

↑ 將雞翅放進裝有醬料的保鮮袋裡醃漬

↑ 用平底鍋悶蒸雞翅

↑ 冷凍保存

← 要吃的時候放進烤箱燒烤

↑ 常備菜小智慧——燒烤醃雞翅

↑ 用 kamukamu 鍋 * 煮糙米

↓ 多年來我都愛用平和牌的壓力鍋

→米飯像這樣鬆鬆地包起來冷凍
（作法 P.93）

* kamukamu 鍋是平和牌出產的壓力鍋內鍋

↑ 放在飯桶裡的米飯，加入炒過的黃豆
飯桶會吸收掉多餘的水分，米飯放涼也好吃（作法 P.49）

←↑用平底鍋炒黃豆（作法 P.52）

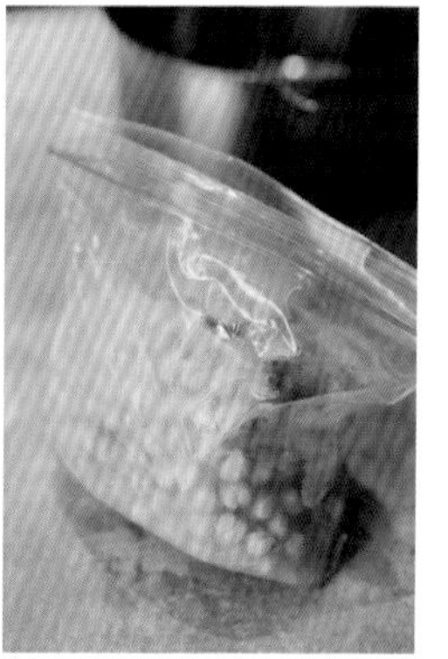

→一定要連煮豆子的湯汁一起冷凍
（作法 P.93）

↑ 用味噌拌炒黃豆的「豆味噌」（作法 P.53）

→放進 la base* 長型過濾調理盆
裡並列晾乾

* la base 的產品來自日本新潟縣燕三条地區，都是職人手工打造而成

←曬乾的蘿蔔葉切碎當作拌飯調味料
（作法 P.125）

↓ 蘿蔔葉、柿子皮都不丟掉，曬乾之後使用（作法 P.54）

↓ 馬鈴薯連皮淋上油燒烤

→油蒸時蔬，可以一次攝取大量蔬菜
（作法 P.61）

↑ 地中海飲食菜色
酸豆風味的鯖魚與馬鈴薯（作法 P.60）

→用雙手抓著稻草包，將內容物從中間擠出來
（作法 P.75）

↑ 稻草包裡的納豆「牽絲」的方式不一樣

↑ 小黃瓜也可以做成乾燥蔬菜

→米糠床用保鮮盒保存
（作法 P.78）

↑將曬乾的小黃瓜用米糠醃過，又是另一種不同的美味

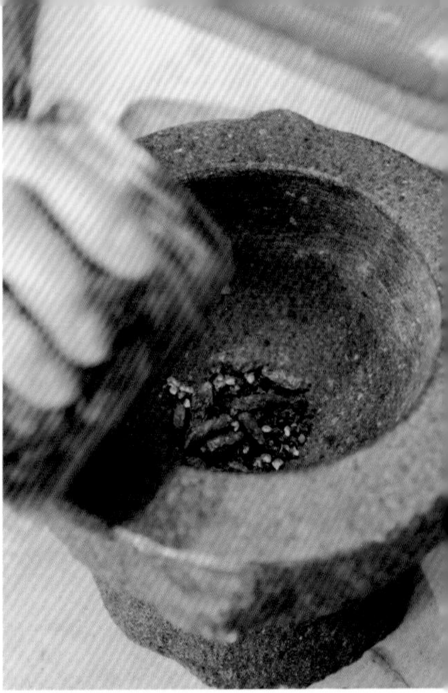

→放入山椒果實、辣椒、大蒜和粗鹽

→再加入麻油、萊姆汁之後磨碎

→做泰國菜時使用的
石材研缽

←「沾什麼都好吃」的萬用沾醬
完成了（作法 P.81）

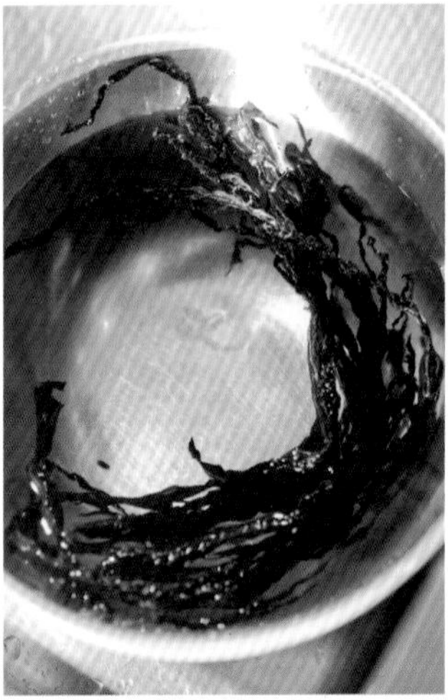

↑將鳴門的乾燥海帶芽
泡水還原之後使用

→梿醋分裝成小瓶冷凍起來
（作法 P.84）

↑只要將根莖類蔬菜加上海帶芽，用自製橀醋涼拌，就是一道美味小菜

→食材先醃過備用，做菜就輕鬆了

↑ 香烤醃漬雞肉（作法 P.88）

→琵琶湖抹布（參考 P.106）

→用過的抹布暫時放進籃子裡

→利用籃子來作收納
（參考 P.97）

→廚房用具採直立式收納

↑ 餐具放進直立式收納筒裡收納（參考 P.109）
一定要保留櫃子超過一層的空間（參考 P.157）

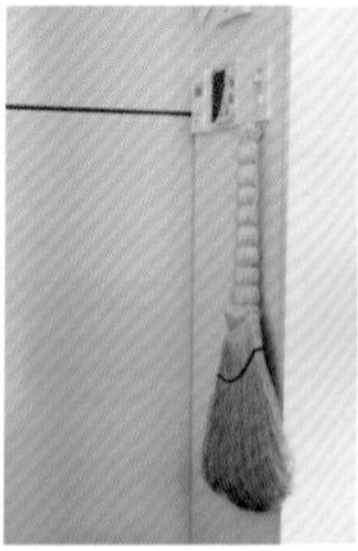

→每戶人家都該準備一把掃帚
（參考 P.132）

↑ 器皿的收納（參考 P.108）

↑ 工作室的地板運用未處理過的木板

↑↓ 活動式廚房，中島吧台可以移動（參考 P.94）

→在家中庭院踩踏落葉，就能感覺心情平靜
（參考 P.162）

剛剛好的生活練習

有元葉子

——前言——

本書的原書名是《不堆積的生活》，相信很多讀者會納悶，這是什麼意思。

「不堆積」就是在日常生活中不要累積髒汙，或是不必要的物品，進而將手邊現有的資源發揮到淋漓盡致。

在我們身邊，從冰箱到整個廚房，再延伸到家中，甚至進階到居住在家中的人的身體裡，到處都堆積了很多東西。環顧四周，會發現世界上到處堆積停滯，造成循環不良。

河水一旦停止流動，立刻會變得渾濁腐臭；同樣地，人體的血管、腸胃這些流動的物質，要是「堆積、停滯」就會使得身體狀況變差。當世界上所有事物都能循環流暢時，就是理想的狀態。

偶爾休假時我會到野尻湖的家，每天眺望著森林。從樹木發出嫩芽，到下一次發芽之間，散落的葉片也不要浪費，物盡其用，林子裡還有適量的蟲子與鳥兒，達到完全的循環。這些景象總讓我不禁深思，大自然是最好的示範，教會我們一切。

反觀人類做的事情通常是燃燒不完全，產生的都是廢棄物……真想要更接近大自然哪！

「不堆積」的精神並不是要捨棄一切，要連「丟棄的東西會變得如何」也一併思考，然後將擁有的資源盡可能發揮。

要能發揮得淋漓盡致，必須得要有耐用的物品，這麼一來，判斷物品的標準就會變得嚴格，需要什麼樣的用途？能耐用多？真的能滿足需求嗎？會變得不斷這樣問自己。需要的東西足夠就好，然後充分運用，不讓流動的生活停滯；我的目標就是這樣的人生。

目錄

第2章——廚房

第3章——居住

第4章——個人保養

第5章——愉快生活

第1章

飲食

常備菜的小訣竅

常備菜、手工醬料與醬汁，這些都是能讓每天設計菜單時輕鬆許多的小訣竅。或許因為這樣，即使忙碌的時候，我也從來不覺得做菜很花時間、很麻煩。從過去要帶孩子的時候，在外頭工作的時候，一直到現在，算不清常備菜究竟幫了我多少忙。

常備菜如果不善加利用就失去意義，重點就是預先做好，然後妥善運用，要是全堆放在冷凍庫裡，就得不償失了，最好趁著美味時趕快吃掉。比方說「絞肉」，有時候會因為今天價格便宜而買了預期之外的絞肉，這時候就是做常備菜的好機會。

豬絞肉、牛絞肉或是混合絞肉都可以，依照個人喜好加入薑和大蒜。**首先充分拌炒，絞肉一炒，水分就會釋放出來，等到水分收乾之後繼續炒，接下來冒出的就是油脂。炒到絞肉四周微焦並開始在鍋子裡彈跳時，就是調味的好時機。**淋一圈酒，再滴幾滴醬油，這樣就完成了，很簡單吧！

經過這樣的處理，不但能保存久一點，帶有醬油鹹味的微焦絞肉，焦香味更是美味的精髓，可以直接鋪在飯上用生菜葉捲起來吃。此外，在油醋淋醬裡加入這道絞肉，再搭配大量蔬菜，就是可以當作一道菜的沙拉。絞肉加入蛋液裡可以做成絞肉煎蛋捲；或是加到熱水裡稍微滾一下，切點蔥花撒上，就是一道美味湯品，可以有各種變化。只要知道冰箱裡有這道絞肉，規劃菜色時就輕鬆許多，採買也能節省很多時間。

雞絞肉的話我通常會做成雞肉鬆，作法是取一只冷的空鍋，先加入雞絞肉、酒、醬油、味醂或楓糖漿，用四根筷子仔細充分攪拌均勻之後，再以中火加熱並持續攪拌到湯汁收乾，雞絞肉變得鬆軟（這也算是個小運動）。

將大量雞肉鬆鋪到飯上，撒點碎海苔一起吃，如果有蛋鬆的話就能做成雙色飯。此外，還能夠拌飯、當作細捲的內餡，用途廣泛。

冷凍保存時盡量攤平成薄薄一層，用保鮮膜包起來，這麼一來只要放在室溫下十分鐘就能解凍；冷藏的話，味道一淡就危險了，請添加調味料後再重新加熱。

以上介紹的只是一小部分的例子。如果能有自己的常備菜和運用的方法，相信每天做菜一定會輕鬆不少。

熬取高湯很麻煩？

只要有好味道的高湯，很多食材都能善加運用，不會浪費。

高湯是和食的靈魂，身為和食派的我，家裡的高湯永遠要保持庫存量。由於不是每次準備三餐都有那麼多時間，因此要熬取高湯時，我會用掉一整包柴魚片和小魚乾，把預留用量刻意做多一點。

小魚乾跟昆布泡水一個晚上，熬取出恰到好處的柴魚高湯，在味道最好的時候放涼並冷凍起來。**柴魚片、小魚乾，在一開封後味道就逐漸變差，因此要趁早製成高湯才好**；一般來說，餐廳絕對嚴禁冷凍高湯，但如果是家庭使用就無妨。比起使用市售高湯粉，能夠自己製作出更好喝的高湯後，就不會想買市售的高湯粉了。

向大家介紹我喜歡的油豆皮絲烏龍麵，用冷凍食材就能做。

高湯加熱之後用鹽和醬油調味，準備切成極細絲的油豆皮及大量蔥花。將燙熟的烏龍麵盛進大碗裡，油豆皮絲放入高湯裡滾一下，連同高湯一起淋到烏龍麵上，最後加入蔥花，再撒點七味粉，就能開動！高湯、烏龍麵、油豆皮，全都是冷凍起來的食材，但因為有自製高湯，就能做出一碗美味麵點。

昆布高湯使用品質好的昆布和一般昆布，做起來的口味天差地遠。泡過冷水或是以小火花時間熬取高湯所剩下的昆布，直接丟掉太可惜了。尤其是高價等級好的昆布更是如此，可以切碎了加入醋、醬油、麻油、辣椒和薑絲來醃漬；雖然保存期限長，但因為很好吃，一下子就吃完了。

過去我在接受英國雜誌的採訪時，曾說過「我不買鑽石，但會花錢買很貴的昆布」。昆布的口味確實和價格成正比，採收昆布是很耗費勞力的作業，而且還要費工製作成，因此就算高價也值得購買。正因為這樣，沒有物盡其用到最後就糟蹋了。

由於高湯容易吸附其他氣味，必須分裝在能夠完全蓋緊的容器中。對了，各位知道高湯在解凍時會出現有趣的現象嗎？首先會從外層開始融化，也就是從高湯較濃的部分融化起，中間就剩下水分含量較高的冰。因此，**要是只從融化的部分先用，就會有很濃的高湯，剩下的冰就變得很淡，像水一樣**。當外層逐漸融化時，就將整塊冰塊放進鍋子裡加熱，等到完全融化後再使用。這是因為水分會聚集到中央之後才結凍吧？真是奇妙。

在廚房作業時會發現很多這類奇妙的現象。比方說，鐵製平底鍋一開始燒熱之後再倒油，為什麼就不會黏鍋？為什麼把煮好的飯放進飯桶裡會變得好吃？像這些聽起來有點傻，常讓人一笑置之的事情，卻是下廚最大的樂趣，也是我在做菜時永遠覺得事事都很奇妙的地方。

該如何煮出好吃的米飯？昂貴的電子鍋vs.飯桶

怎麼調理才能吃到好吃的米飯？受訪時經常會遇到這個問題，我的回答一律是兩個重點：選優質的米以及飯煮好後裝進飯桶裡。

用鍋子煮飯的話建議用厚一點的鍋子，電子鍋的話一般的就可以，**相較之下，更需要一只飯桶**。現在的電子鍋已經發展出各式各樣的功能，其中甚至有超過十萬日圓的高價款式，這麼一來很令人好奇，煮出來的飯會比兩萬日圓的電子鍋好吃五倍嗎？我也有點懷疑，即使是昂貴的電子鍋，如果飯煮好之後持續保溫，最後其實會變得都差不多。

至於飯桶，跟保溫是截然不同的概念。

飯桶，是用木材製成，這種木桶是用來存放貴重的物品；對我們來說，米飯就是珍貴的糧食，而能把米飯變得好吃的必備木桶，就是飯桶。

飯煮好之後，用飯杓輕輕挖起來，裝進事先弄溼的飯桶裡，罩上乾布之後，再蓋上桶蓋。這麼一來，多餘的水分就會由木頭吸收，而木頭的香氣會滲透到米飯裡，米飯會帶有特殊的彈性與鮮甜，變得更好吃。通常製作飯桶的木材以杉木、日本花柏、檜木等為主，每種木材的香氣不同，可以挑選自己喜愛的種類；而我，最喜歡的是秋田杉製作的飯桶。

有了飯桶，米飯涼了也美味，因此適合帶便當，放了一段時間依然好吃。**但若是長時間放在電子鍋裡保溫，就算用再好的米也會變得難吃，講起來很殘酷，但這就是事實。**

糙米煮好之後放進飯桶，也會更好吃。我家用的是小尺寸，最多裝三杯米。這個大小可以放到餐桌上，讓每個人自己盛想吃的飯量。人數多的時候，準備三只三杯份的飯桶，交錯放在餐桌上。每個人都可以依照需求自己添飯。

我經常想，光是有好吃的米飯，竟然能讓人感到如此幸福。

怎樣能算是美味的豆類料理？

講到日本食物中的豆類料理，腦中立刻浮現的是口味偏甜的滷豆子。我從小就不太敢吃那種甜甜的滷豆子，但自從常到義大利之後，才發現其實我是很愛吃豆子的。

乾燥的豆子看種類而定，有些要先泡水兩晚，但也有完全不必泡水就可直接煮的豆子。乾燥的蠶豆、鷹嘴豆要泡兩晚，黃豆和白腎豆泡一晚，小扁豆不用浸泡可以直接水煮。日式作法原則上會煮到豆子變軟，但佐橄欖油和鹽吃的時候稍微保留一點口感，嚼起來感覺到香味最理想。這麼一來，不敢吃甜豆子的我也很喜歡慢嚼之下，能夠細細品味到豆子原有的風味。

小扁豆我推薦直徑二到三公釐小顆粒的。義大利溫布利亞（Umbria）的卡司特魯奇奧（Castelluccio）出產的小扁豆是最高等級，當然價格不斐。卡司特魯奇奧位於國家公園腹地內，擁有超乎想像的極致優美全景，在這裡採收到的小扁豆，據說品質是世界第一，只要水煮二十分鐘就行了，然後撒點鹽，再淋上溫布利亞產的特級初榨橄欖油，就是無可言喻的美味。

在義大利，普遍認為豆子搭配海鮮很好吃。就和馬鈴薯一樣，因為豆子會吸取海鮮的鮮甜，變得更加美味；白腎豆搭配章魚、鮮蝦，或是小扁豆搭海瓜子，都是非常棒的組合，至於義大利香芹，則是每道菜都不可或缺的點綴。要吃不甜的豆子，可要多多向義大利學習。

日本的黃豆，對我們日本人來說可是少不了的重要豆類。

如果用不甜的作法，其實我也很喜歡。將乾燥的黃豆泡水三十分鐘左右，然後放進鍋子裡乾炒。炒到整個豆子上色之後，就完成了一道乾炒黃豆。

乾炒黃豆直接脆脆吃也不錯，拌到味噌裡就成了豆味噌，煮飯時和番茶一起加入米飯裡，煮成乾炒黃豆茶飯也很有鄉村風味，好好吃！再加上一碟米糠醃漬的老醬菜，有這些我就夠了。

食材一次用不完，該怎麼辦才好？

食材用不完，似乎是常遇到的事。經常沒用完放進冰箱之後，就這麼忘了，最後發現壞掉只能丟了。每次要丟掉食材時，腦中總會想起在地球的某處還有人為飢餓所苦。其實有很多方法都能幫助我們把食材用完，至於我自己在日常生活中使用的方法有下列幾種。

蔬菜：

- 乾燥
- 蒸煮
- 熬湯、做蔬菜湯或濃湯

・醃醬菜（鹽漬、米糠漬、味噌、酒粕漬、醋漬）
・做什錦炸餅

魚類、肉類：

・醃漬（香料、香草、鹽、油、酒、醬油、味噌、酒粕等）
・湯過之後醃泡
・燙熟、煎熟之後再醃漬
・醬油紅燒、做成佃煮

水果：

・醃漬（砂糖、楓糖漿、蜂蜜、酒等）
・燉煮

列舉出來會發現有數不清的方法可用，不如就從手邊有的調味料開始嘗試吧。試了一種之後，創意會源源不絕產生，然後覺得愈來愈好玩。只是空想的話，永遠都不會開始。

飲食的基本是穀類

所謂地中海飲食，據說是在研究地中海一帶居民的健康狀況時，發現這些人多半很健康，沒什麼文明病，因而受到關注的一種飲食方式。三角形的構圖非常清楚易懂，該吃什麼才好，一目瞭然；其中穀類在三角形底邊最寬的地方，也就是每天該吃的食物。

穀類是人類必須的基本食物，以日本人來說就是米飯。雖說現在連日本人也愈來愈少吃米飯，但走遍全世界再也找不到任何地方像日本有這麼好吃的米飯，不吃的話就太可惜啦！我平常在家吃的是糙米與白米「8：2」的比例。

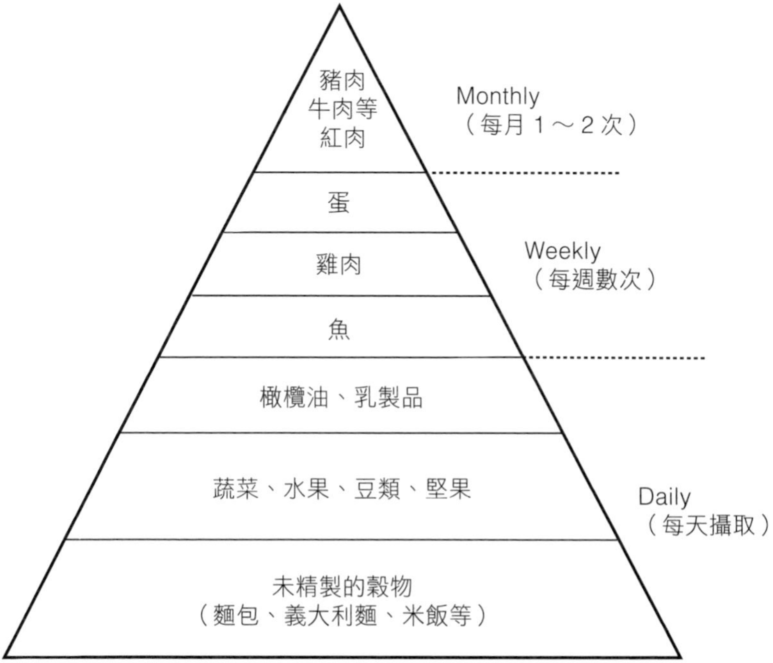

The Mediterranean Diet
（參考：www.howcelebsdiet.com）

糙米煮得好吃的話也非常美味，我吃糙米並不是為了身體健康，純粹因為覺得好吃。

經常有人說，對身體健康的東西都不好吃，但我偏要反對這種論調，我認為，**對身體好的東西就要覺得好吃，打造這樣的身體和味覺真的很重要！**

地中海飲食中推薦盡量選擇未經過精製的穀類，據說穀類連皮一起吃會緩和消化與吸收，打造不容易罹患糖尿病的體質。以糙米為主的飲食，很容易讓人聯想到儉樸的鄉村菜色，其實糙米也很搭義大利菜或是中東料理。以新鮮橄欖果實整顆壓榨的特級初榨橄欖油，搭配魚、肉、豆類、蔬菜和糙米，非常好吃。就和適合搭配紅酒的硬質小麥義大利麵一樣，是預防文明病時少不了的好食物。

光吃白飯會覺得太飽、太沉重，但搭配糙米吃起來就感覺像是另一道蔬菜。糙米飲食必須長期持續，否則就失去意義，想要維持得久，就要好吃，為此必須要有壓力鍋和kamukamu鍋。雖然一開始入門的門檻高了些，但只要克服之後，未來就能長期持續，許多長期攝取糙米的人都證明了這一點。

●油拌海瓜子、鷹嘴豆與燒烤小番茄（2～3人份）

【材料】帶殼海瓜子15～20個／小番茄15顆／燙熟的鷹嘴豆1杯／大蒜1瓣／特級初榨橄欖油2大匙／白酒2大匙／鹽、胡椒、荷蘭芹各適量

【作法】①在平底鍋裡加入大蒜、橄欖油、海瓜子、白酒、鹽、胡椒，蒸煮到海瓜子開殼。小番茄直接用180度的烤箱烤20分鐘。

②將烤番茄和海瓜子連同湯汁倒入調理盆裡，加入燙熟的鷹嘴豆，撒上切碎的荷蘭芹即完成。

●烤茄子與四季豆青醬沙拉（2人份）

【材料】茄子4條／四季豆80克／荷蘭芹4～5株／芝麻菜7～8株／特級初榨橄欖油3大匙／檸檬汁1大匙／大蒜1瓣／鹽、胡椒各適量

【作法】①茄子燒烤之後剝掉外皮。四季豆燙熟。
②將荷蘭芹的葉子、大蒜、橄欖油、檸檬汁、鹽和胡椒用食物處理機打碎。
③把芝麻菜鋪在盤子上，放上茄子、四季豆，淋上②即可。

●酸豆風味的鯖魚與馬鈴薯（2人份）

【材料】鯖魚半尾／馬鈴薯2顆／自製半乾燥小番茄10顆／洋蔥1/2顆（切末）／鹽漬酸豆與酸豆果實2～3大匙／檸檬1顆／特級初榨橄欖油3大匙／鹽、胡椒各適量

【作法】①鯖魚撒鹽之後靜置30分鐘，塗上橄欖油，用平底鍋煎。
②馬鈴薯切成1公分厚的片狀，用橄欖油煎兩面。
③小番茄橫向對切，去掉籽和汁液，用100度左右的烤箱烤到半乾。
④盤子裡放上馬鈴薯、鯖魚，番茄和洋蔥拌勻後鋪上，最後加上泡水去除鹹味的酸豆和果實，再擠點檸檬汁。

●油蒸季節蔬菜（2人份）

【材料】當季蔬菜2株（小松菜、菠菜、西洋菜、蔡菜、山茼蒿等皆可）／橄欖油2大匙／大蒜1瓣／鹽、胡椒各適量

【作法】鍋子裡加入切成長段的蔬菜，加入橄欖油、鹽、胡椒、壓碎的大蒜後，蓋上鍋蓋燜煮4～5分鐘。

夏蜜柑太多，不能就這樣放著！

水果對我來說就和蔬菜一樣，都是很重要的食物，尤其沒有甜點無所謂，有水果就行了，因此我每天一早起床最先吃的就是水果。做甜點也會使用很多水果。不過，要是有吃不完的水果怎麼辦？

我家裡的夏蜜柑都不是到店裡買的，光是在山裡、庭院中採回來的就吃不完，可見有多少。富士蘋果，多半也是人家會送我一整箱，而且很奇妙的是，愈忙碌的時候就會收到很多水果。明知道該盡快處理才好，卻找不到機會一鼓作氣，但只要一動手，就欲罷不能。回到夏蜜柑，我家裡有很多夏蜜柑果醬的庫存，恰到好處的甜，帶點微苦，好吃得不得了。

製作果醬需要有點黏稠的物質，也就是水果獨特的果膠。**那麼，夏蜜柑哪裡有果膠呢？就是大家平常會丟掉的白瓤還有籽，只要了解這一點，作法就很簡單。**

夏蜜柑的果皮可以加糖熬煮，要小心剝下來，在外皮劃四刀就能把外皮剝乾淨，果皮另外放。把一瓣一瓣的夏蜜柑剝散，只去除兩側的薄皮，和果皮連接的白瓤留下來。因為兩側的薄皮怎麼熬煮都不會化掉，白瓤部分熬煮之後就會融化，變成果凍狀的果膠。

當然，籽也很重要。在鍋子裡加入事先處理好的夏蜜柑果實及砂糖（我的習慣是五～六成）攪拌後，靜置一下開始出水就可以加熱。過程中不時用木杓攪拌，直到橙色變得有些透明黏稠，就倒入已經用熱水消毒過的乾淨玻璃瓶，蓋子蓋緊之後倒置。冷卻之後蓋子的中間應該會凹下去。

如果可以迅速吃完，像這樣簡單排氣就行了，在冰箱裡可以保存一段時間。需要徹底排氣的話，就把瓶子放進深鍋裡，加入大約瓶身一半的水，蓋上鍋蓋加熱到冒出蒸氣後持續十到十五分鐘，時間到了再戴上橡膠手套趁熱拿出來，然後把瓶蓋蓋緊，這樣就完成。用橡膠手套旋轉瓶蓋不會滑動，可以好好蓋緊。

一般食譜經常建議夏蜜柑的皮要用水煮多次，把苦味去掉……話雖如此，我自己只會煮一次，因為我覺得苦味很重要。水煮過一次之後，在平底鍋裡加入細砂糖與水，比例為一比一，再將煮過的皮平鋪在鍋子裡，盡量不要重疊，用小火慢慢燉煮到汁液收乾。做好的成品可以撒上砂糖或是直接冷凍，在做甜點時可以使用，我也很喜歡和乳酪、巧克力一起吃。不需要做巧克力糖衣這麼困難的事情，只要把帶有微苦甜甜的夏蜜柑皮搭著美味巧克力一起吃，就是極致美食享受，它跟甜點酒也很搭。

製作果醬需要有適合的鍋子和木杓，自從我請新潟玉川堂製作了熬果醬用的銅鍋，和過去用不銹鋼鍋製作的大不相同，外觀上光澤與顏色的差異，令人感動。木杓挑選前端扁平且大的比較好用；做果醬的木杓，我喜歡使用魁北克楓樹木材製成，前端較寬的款式。熬煮果皮時，我建議盡量用淺銅鍋來煮，會發現變得更好吃。好的工具可以讓你的廚藝提升好幾級。

收到成堆的夏蜜柑後，為了極力減少廢棄的部分，盡量做成好吃的食物吃完。在這樣的考量下，開心製作果醬及醃漬果皮，已成了我家中每年固定的活動。看著庭院裡結實纍纍的夏蜜柑，是否只有我聽到他們在大喊：不能就這樣放著！

如果收到大量的蘋果該怎麼辦？

假設收到一大箱蘋果，而且是富士蘋果該怎麼辦？一開始新鮮多汁，直接吃就好吃。但還沒吃到一半會覺得怎麼好像完全沒減少。放久的話會變得皺巴巴，但又不忍就這樣丟掉，可是已經沒那麼好吃了，很多人最後還是會選擇丟掉吧。不過，對我來說接下來才是樂趣所在，我會絞盡腦汁思考有什麼方法可以讓這些蘋果變得好吃。

運用水分有些流失的蘋果，我的壓箱寶首先推薦「反烤蘋果派／蘋果塔」。

這款甜點就算蘋果的水分有流失，都能保證一定好吃。要是拿錯過鮮食時期的蘋果來做，是再好不過了，甚至有人為了要做好吃的蘋果塔，還會預先將蘋果乾燥呢！用富士蘋果做出來的蘋果塔和用紅玉品種的口味不太一樣，香氣、甜味、酸味更加濃縮，同時裹著黏稠的果膠，好吃到無法形容。

作法是使用兩顆半較大的富士蘋果，盡量把皮削薄一點，以放射狀切成一點五公分厚。蘋果切片之後排放進平底淺鍋。檸檬汁的用量為一顆蘋果一匙半至兩大匙的比例，淋在蘋果片上，再撒上兩大匙細砂糖，靜置超過一小時，或是放進冰箱冷藏一晚。等到蘋果汁充分滲出時，以中火加熱。煮到蘋果變得黃色透明後，瀝乾湯汁取出，放到長型調理盤的過濾網上。要是一次放不下的話就依照燉煮完成的順序，分批放入。燉煮好的蘋果變得黃色透明，看起來就像成熟的鳳梨。

蘋果片全部取出後，將鍋底剩下的汁液倒進能放進烤箱的直徑十八公分平底鍋，然後再均勻撒上五大匙細砂糖後用中火加熱，不要攪拌，靜待汁液煮成深焦糖色，接著將五十公克的奶油分成小塊加入，撒入幾根百里香，把煮好的蘋果片排滿，最後蓋上派皮並且將邊緣沿著平底鍋反折。

在預熱過的烤箱裡放進中層，以一百八十度將派皮烤到金黃色，大約需時四十五至五十分鐘。在平底鍋上蓋上一只大盤子後，倒扣將派取出，因為很燙，要特別小心別燙傷。烤成紫紅色、熱呼呼的蘋果看起來就很好吃，放涼之後再加一大球打發的鮮奶油一起吃，超讚！這款蘋果派涼了之後也好吃，這種作法的熬煮蘋果還可以冷凍保存，天氣熱的時候吃個蘋果冰或用來做成冰茶都很棒。

另一個想推薦的是日式甜點。蘋果的產季剛好也是柚子的季節，當季盛產的水果搭配起來，可以做成「糖煮柚子蘋果」。柚子從果皮、白瓤、果實、種子全都會用到，丟掉的部分只有小小的果軸；至於富士蘋果，就算水分已經散失變得乾癟也無所謂，全都拿來使用別丟掉。蘋果去籽，盡可能不要挖到果肉，然後切成三至四公分的小丁，柚子則帶皮整顆切成四至五公釐，連籽一起和蘋果放進鍋子裡，加入五至六成的砂糖（如果想要長期保存，或是喜歡吃甜一點的人，多加點糖也無妨）。

等到稍微滲出水分時就可以加熱，小火慢熬到開始覺得黏稠。蘋果會煮到變得透明金黃，非常漂亮。柚子的果肉和白瓤化掉之後形成果膠，只有果皮還隱約可見。

完成之後就是適合搭配紅茶或焙茶的美味茶點，漂亮的盛盤也可以當作飯後甜點，吃西式料理時用來清口也很棒。

蘋果皮曬乾後和檸檬皮加入糖漿一起熬煮，香氣會變得特別好。糖漿可以當作果凍的基底，或是用來熬煮其他水果……像這樣不斷拓展新的用途，可以無限延伸。

從頭到尾的垃圾只有一點點蘋果芯和果軸，因為真的沒什麼東西丟，烏鴉最討厭我家的垃圾桶了。現在大家知道，水分跑掉的富士蘋果還是有非常多用途吧，下次別再丟掉囉！

就算一個人住，也是一次買整隻雞

在超市買的雞肉都是雞腿、雞胸、雞里肌已經處理好並分開包裝的；如果老是買這樣的肉品，到最後可能都不知道雞到底長什麼樣子吧！現在就連自認為熱愛料理的人，多數的人可能都沒摸過一整隻雞，更別說要處理了，這讓我很驚訝。沒看過整隻雞的話，自然不知道手腳怎麼長的，也不知道「雞里肌肉」指的到底是哪裡。

我認為，**在了解整隻雞之後，不是更能激起我們惜物之心嗎？**因此，在我的烹飪實習課程裡，會讓學員從處理整隻雞的步驟開始練習。果然，幾乎所有人都沒碰過一整隻的雞，自然也不知道該從哪裡下手。一開始，不少人心想「這應該需要很多厲害的工具吧」，等到我拿出一把小刀和廚房剪刀說：「有這些就夠了！」所有人都瞠目結舌。

處理肉品這項作業不是靠蠻力，也可以很優雅。

無論雞、豬、鹿，所有動物的肌肉都有一層薄膜包覆。光是劃開表皮，就會清楚看到很完整的薄膜；至於骨頭，不要用刀子剁，只要找到關節處下刀，就能輕輕鬆鬆把骨頭分開，完全不需要力氣，有一把小刀就能因應。雞里肌肉從中央骨頭兩側的雞胸肉延伸，雞腿、雞翅、雞胸，再過來最後剩下雞骨。只有肋骨部分用剪刀剪開，比較輕鬆。

預先量好雞肉重量百分之三的細鹽，用手掌沾滿細鹽，抹在雞肉上慢慢按摩，雞骨也別忘了要抹鹽。放進冰箱冷藏一晚之後，多餘的水分會排出，肉質變得緊實，更加美味；把水分擦乾後，接著手掌上換沾橄欖油，這次改成橄欖油按摩。**只用鹽和橄欖油調味後直接放進烤箱裡烤，就能做出超級好吃的烤雞**。沒吃完的部分，可依部位各自用兩層保鮮膜包好，然後再放進保鮮袋裡冷凍起來。這麼一來，隨時都能拿出需要的部位來調理。

新鮮的食物如果能好好處理，隨時都能在良好狀態下吃到。雞骨拿來熬湯。在家裡自己處理雞肉的話，骨頭也會帶點肉，熬出來的湯味道也會特別好。雞湯用兩層厚厚的廚房紙巾過濾後，能夠完全去除油脂，留下澄清的高湯。如果沒有一次用完，就分成小份冷凍起來（別忘了標註食品名稱和日期）。家中有隨時可用的冷凍雞肉非常方便，對於一個人住的人來說不也很好嗎？所以我即使一個人住，也會買一整隻雞，這比你拜託肉販把各部位分別包起來的雞肉要來得新鮮多了。而且明明是同一隻雞，不知道為什麼味道就是不同，問肉販都會說一樣啦，但不一樣就是不一樣。

因此，我仍然建議大家一次買整隻雞。

怎樣的食物算是「美食」？

用一大清早新鮮現削、由築地直送的柴魚片熬取高湯；或用長年珍藏在倉庫裡的昆布浸泡冷水，萃取精華；或是將大量小魚乾泡在剛好蓋住的水裡，冷泡出高湯；或是在家裡加入雞骨頭，然後清蒸全雞時所滲出的汁液就是很棒的雞湯。

不論用上述哪些方法取得高湯之後，可在各種組合下用來燉煮「蘿蔔皮」。蘿蔔皮曬過之後乾癟癟的，任誰看到都會認為是不要的廚餘，但燉煮之後真的好吃到無法形容。**這種大家都不屑一顧、看來像廚餘的食材，加入精心費工取得的高湯，再用大量好酒以及少許醬油，一起燉煮。**每個人在吃之前都會好奇「這是什麼？」這樣的反應通常會讓我很開心，深深體會到，這就是自家料理最吸引人的地方呀！

前陣子我走訪一間位於四國地區的魩仔魚魚鋪，聽了老闆的一番話，我才發現至今錯過了很多美味。

講到魩仔魚，大家都會直覺想到白色的小魚，其實大錯特錯。靠近海岸的淺水區，從空中看來水是偏白色，到了深水區就會變成深藍色，因此，據說小魚的顏色也會因為居住的環境而有所不同。由於魩仔魚是統稱捕獲的小魚，因此在春天會有鯛魚、星鰻、烏賊等幼魚混雜在內，這種混雜著各種幼魚的「魩仔魚」真的很好吃。就像夾帶著一大群小烏賊的魩仔魚，在打撈時會吐出黑墨，所以會變成黑漆漆的，這種也很棒，用來做義大利麵真的好吃得沒話說。另外，使用大量魩仔魚，撒上碎海苔的魩仔魚蓋飯，也很推薦。

但是，聽說到了超市，一般消費者會認為沒有混雜到其他顏色，白白的小魚才是品質良好。這麼回想起來，我在東京的超市還真的沒看過混有多種顏色的魩仔魚。在當地認為這種混雜的魩仔魚是一等美食，但來到大都市之後，我們卻因為超市的考量無形中受到影響，白白錯過了美味，並且長期以來渾然不覺，真的太可惜了。

這麼說來，納豆的狀況也差不多。

我最喜歡的納豆是大顆粒、然後用稻桿和薄木片包起來的三角納豆。但每次在超市購物時，看到的納豆很少有這種的，好奇之下，在走訪生產業者時詢問了許多問題。比方我喜歡大顆粒的納豆，但我不需要芥末或湯汁；不過，為什麼超市都覺得小顆粒的納豆才好，而且還附了我不要的芥末呢？

根據生產業者的說明，超市只會進多數消費者喜歡的商品，而銷路不好的東西就不會上架。因此，超市只會賣小顆粒、質地較軟的納豆，而且會附上芥末和醬汁的商品。知道在超市不會販售稻桿包裝的大顆粒納豆之後，買納豆時我都直接向生產業者依照自己的喜好特別訂購。這樣大顆粒的納豆才能細細品味黃豆愈嚼愈香的美妙，對我來說才是極致美食呀！

所謂美食，指的未必是高級的肉類或海鮮，真正的美味，只要你稍微花點心思努力尋找，其實就能在意外之處有所發現。

米糠漬床是我的傳家之寶

我在烹飪教室教了米糠漬床的作法，並讓學員帶回各自做好的米糠漬床，我還特別叮嚀大家「要好好養哦。」不知道現在還有多少人持續定時攪拌，而且用來做米糠醬菜吃呢？突然有點好奇。不過，前陣子聽到一位學員說：「我的米糠漬床變得好好吃，這已經是我的傳家之寶了！」讓我好感動。哪怕只有一個人這麼想，也讓我的課變得有價值了。

「變好吃唷！」每天持續攪拌，在心中默唸，這需要耐心，但習慣之後就成了每天的例行公事。攪拌的過程中會發現觸感變得細緻柔軟，散發優雅的香氣，這時，做出來的米糠醬菜就會更好吃。

要讓米糠醬菜好吃的特效祕方，就是持續攪拌漬床，除此之外別無他法。**在這個什麼都想要即刻完成的速食時代，挑戰一項只能持續耐心攪拌的作業，不也很好嗎？**只要悉心照顧米糠漬床，做出來的醬菜就會好吃，努力必定有收穫的感覺也很棒。

我每年會有一、兩次，把整顆煎得金黃的鹽漬鮭魚頭放進漬床裡，相信有人聽了會嚇一跳吧，但真的會變得很美味，有勇氣的人務必試試看。持續攪拌之下，過了三天魚骨會融化，差不多一星期的時間就會完全與漬床融合，味道好得沒話說！乳酸菌活力十足活動之下，就會是這種狀態，鮮味倍增的米糠漬床成為更珍貴的傳家之寶，也是廚房的要角。

很多人會因為漬床發黴，也就是米糠味噌發酸而丟棄。其實只要把黴挑掉，補上新的米糠和鹽，接下來一星期加入蔬菜屑醃漬，持續攪拌，充分混入空氣的話，基本上幾乎都能讓漬床復活。遇到這種狀況千萬別一下子就丟掉，再給它一個機會，相信一定會有回報。

米糠漬床對我來說就像是心愛的寵物，不好好照顧就會死掉，米糠漬床也是有生命的。用到最後剩下的一小塊白蘿蔔，或是高麗菜外層剝下的葉片，都不要丟掉，試著放進米糠漬床，一天之後，就會變成美味的醬菜唷！

深受青花椒吸引

我到中國旅行時在市場買了青花椒，深受吸引。花椒是褐色的山椒果實，但青花椒是用還沒裂開的青色果實曬乾製成。我非常喜愛山椒，無論做各種醬汁、紅燒或熱炒料理時，都會使用山椒，經常沒多久就把庫存用完。

青花椒產自中國四川，在上海一帶要是沒有仔細找聽說還不容易買到。但我還是硬要拜託前往中國出差的朋友幫我買（應該讓人家覺得很為難吧）。六到七月時，我家習慣在米糠漬床裡放進堆成小山的大量綠色山椒實，但有一次我買太多了，就把剩下的拿去曬乾。沒想到這就成了青花椒！哎呀，反而香氣更棒，味道更好呢！

後來，只要每逢山椒產季我就會拿出篩子來曬山椒實，做成青花椒，再也不需要省著用了！曬乾時盡量挑選比較嫩的，要不然一曬之下全都爆開，就變成山椒，得將一顆顆小種子挑掉。**由於種子沒有香氣，挑掉之後味道比較好。如果不曬乾，放進能抽真空的保鮮袋裡冷凍起來，也是個很好的保存方式**。真空保存下，就能保持新鮮綠色。

這種山椒果實不容易壓碎，我在家裡會用做泰國料理專用的石臼來搗碎。山椒果實、辣椒、大蒜、粗鹽，一起搗碎後，加點麻油和萊姆，就成了沾什麼都好吃的醬汁，而且非常開胃，用醬油做基底也很對味。不管是拿來涼拌紅蘿蔔絲加香菜，或是沾燒烤的雞肉或豬肉，都很好吃，現在已經成了我個人鍾愛的一款醬料。此外，青花椒和豆豉一起搗碎後用來醃魚和肉，口味也很棒。靜置一晚之後，隔天用平底鍋乾煎就行了，搭配生菜或酸菜一起吃；吃不完的還可以做成蓋飯，或是拌麵，好吃極了。

美乃滋的源頭是什麼？

每個人的家裡都會有美乃滋、番茄醬，以及市售的淋醬或醬料。讓我們來仔細思考一下這些沾醬的成分。

美乃滋通常是一顆蛋，一杯油，少量的醋和鹽。油加得愈多，質地會變得愈硬，要達到市售美乃滋的硬度，究竟用了多少油，想起來讓人有點害怕。而且就算看了成分表，也看不出是用了什麼樣的油和蛋。

加了美乃滋的料理似乎很受歡迎，但其實大家在吃的時候，就像在喝油一樣，**但即使都是油，卻因為外觀和口感讓人不自知，這才是最可怕的地方**。話說回來，這麼喜歡的話，我建議更應該選用清楚來源的雞蛋和油來自己動手做。

我自己偶爾也會做美乃滋，油多半會用特級初榨橄欖油。剛榨好的特級初榨橄欖油非常辛辣，而且帶點微苦，因此使用新油時我會調一點太白麻油，或是前一年味道圓潤的特級初榨橄欖油來用。用食物處理機或攪拌器只要花幾秒鐘就能製作完成，比出門採買還快；加入荷蘭芹或蒔蘿做成綠色美乃滋也非常美味。我的家人都不喜歡市售美乃滋，但他們也掛保證說這樣做出來的很好吃，另外和醬油也很搭，最重要的一點是吃得安心。

無論是番茄醬或美乃滋，隨著歐美飲食進入日本後，一下子就占領了大家的餐桌。如果量少還無所謂，要是搞到沒有美乃滋、番茄醬就吃不下飯，可就糟蹋了日本傳統美好的飲食。日本人在習慣歐美飲食之後，罹患糖尿病的人急遽增加，據說每三個人之中就有一人有潛在的罹病風險。推敲起元兇，多半就是充斥著油脂、化學調味料、色素、防腐劑的現成調味料及零食吧。想要維持健康，就必須重新檢視日常飲食，自己的三餐自己動手做，這是維持健康、美味飲食的原則。

現在每個人家裡的冰箱，都會常備椪醋吧！真正的椪醋材料是高湯、醬油、柑橘汁，只要有這些就能製作出非常美味的椪醋。熬取高湯的時候順便做起來放，分裝成小瓶冷凍起來，要用的時候很方便，味道也絕非市售品能比擬。

柑橘類果汁，我家裡在冬天會榨了大量柚子汁冷凍保存，臭橙、酸橘、檸檬也都行。美味高湯加上柑橘類果汁的作用下，還能預防攝取過量鹽分。至於淋醬，只要有特級初榨橄欖油，或是品質良好的麻油、酒醋、鹽、胡椒，要吃的時候淋上去即可，我家一律不使用市售成品。偶爾家中有收到的市售商品，但放在餐桌上根本乏人問津，久而久之就再見了。只要準備好的材料，家中再也不需要這些市售的美乃滋、淋醬與醬料了。

第2章

廚房

冰箱要怎麼做才能保持清爽？

「我家的冰箱爆炸了！」「我家也是！」經常聽到大家這麼說。首要原因就是，反正便宜就買了、反正先放進冰箱再說，這個「反正先買」是罪魁禍首。但即使是「反正先買」的東西，既然買了就別丟掉，總得先想辦法花點心思做成美味的料理吃掉。

就以雞肉為例子，當天鹽烤來吃，剩下的就用咖哩粉、稍微多一點的鹽和大蒜醃起來，這樣放個兩、三天都沒問題，直接燒烤或燉煮都很棒。

透過時間讓食物變得美味的醃漬魔法，我強烈建議大家在生活中盡量運用，學會之後無論在規劃菜色或採買時都會輕鬆許多。

第二個原因是，冰箱裡經常會有不知道何時塞進去，甚至搞不清究竟是什麼的東西。**我會盡量把食物裝進玻璃瓶，也就是可以從外觀分辨。**即使放在冰箱上層，也可以從下方看出裡頭的內容物。確實掌握容器裡的東西，這一點非常關鍵。

每天都會打開冰箱，養成習慣，在每次開關冰箱時檢查一下，有沒有放了過久的東西，或是已經發黴的東西。**需要盡快吃完的東西放在最外面，提醒自己別忘了。**一旦發現不知何時塞進冰箱，或是看不出來是什麼的東西，別再多想、直接丟掉。養成這樣的習慣之後，冰箱裡頭應該會清爽不少。一發現冰箱裡頭有點髒，就要立刻擦拭，汙垢一旦累積就很難清除，但一發現就擦掉的話就能輕鬆常保乾淨。

冰箱不是為了堆垃圾用的，請把冰箱當作是食材流動時暫時的存放空間。冷凍庫保存期間稍微長一點，但基本上也是同樣的概念。冰箱內要是沒有保持冷空氣流通，就無法發揮效用。要讓空氣暢通，首先就要避免塞太多東西，必須保留適當空間，**重點就是別塞爆冰箱、食材一放進冰箱裡就要設法盡快用掉，切記這兩點。**

●香烤醃漬雞肉

【材料】雞腿肉2片／大蒜2瓣／迷迭香2～3支／特級初榨橄欖油2～3大匙／鹽、胡椒各適量

【作法】①在雞肉兩面抹上鹽和胡椒，加上拍碎的大蒜、迷迭香葉，再淋上特級初榨橄欖油，放進冰箱裡醃漬半天～一晚。

②烤箱以200度C預熱。

③平底鍋熱鍋後從雞肉帶皮的一面下鍋乾煎，翻面後直接放進烤箱烤15分鐘左右，烤到表面呈現金黃色。

＊也可以直接將醃漬的肉片放進烤箱燒烤。

什麼時候清潔、整理冰箱？

每次打開冰箱就會簡單整理一下，我已經養成了開冰箱時一手拿著抹布的習慣；至於把所有東西拿出來的大掃除，大概每十天進行一次吧！拉開蔬菜室的抽屜，經常會看到一些沒發現到的食材碎屑或調味料掉在深處，全部拿出來，把冰箱內部擦乾淨，順便檢查一下食品，瓶瓶罐罐也擦乾淨之後再歸位。最好盡快吃掉的東西放在前面，規劃一下做成當天或隔天之內可以吃完的菜色。

如果要旅行、出遠門時，從離家一星期之前我就會盡量減少採買，把心思花在用完現有的食材。真要採購，只會買非需要不可的青菜。積極想要消耗掉現有食材下，會出現很多平常意想不到的創意料理，非常有趣。

即使沒有真正要出門旅行的計畫，也可以用要出遠門的心情來面對冰箱裡的食材，大概一個月一次的頻率就行了，保證會有新的發現。

對我來說，從義大利回來時就是最好的時機，為了因應不在家時會有停電的狀況，我會直接把插頭拔掉，然後把冰箱門整個打開。這麼一來，冰箱就不會有太久沒開關的異味，回到家時就能立即暢快使用。即使沒有真正出遠門，我也很推薦大家以這樣的心情來清理冰箱。

我家有兩台冷凍櫃，其中一台沒有除霜功能。冷凍庫只要一結冰，功能就會降低，因此我發現結冰時就會展開大掃除。把所有食材拿出來，等待冰塊溶解，然後用乾布擦拭。這段時間不到一小時，拿出來的食材就暫時放到另一個冰箱。

不具備除霜功能的冷凍庫溫度可以降到零下36度，能讓冷凍食品保存在良好的狀態。做出來的冰塊硬度也和一般截然不同。雖然每隔一段時間要花工夫進行融冰的作業，但整理乾淨的冷凍庫像新的一樣，用起來心情也好。

我太欣賞這座冷凍庫的冷凍能力，持續珍惜使用了幾十年。

冷凍庫裡隨時常備的東西

我家冷凍庫隨時都有這些：高湯、糙米、果醬、燙熟的豆子、麵包等等。糙米是用大型壓力鍋煮好的，分裝成好幾小份；高湯有昆布、小魚乾、柴魚片以及雞湯等多個種類，果醬用減糖的作法，分裝成小瓶。奶油分成無鹽與含鹽，各有四分之一磅；豆子也會分裝成小份冷凍，自製沾麵醬、梴醋，也是分裝成小瓶冷凍。常備品大致就是這些。

冷凍時有三項訣竅：**① 分裝成小份。② 為了不讓食物沾染到彼此的氣味，要以兩層甚至三層包裝好。③ 清楚標示內容物及日期。**

處理食材時要以解凍食用為前提，重點就是吃起來要美味，方便容易解凍，而且絕不放得太久。冷凍米飯時要留意的重點，是攤開保鮮膜之後，用飯杓舀取一餐份的米飯鬆鬆放在保鮮膜上，維持這個狀態下包起來，然後外面再包上一層保鮮膜。無論糙米、白米，都是同樣的方式。千萬不要硬是用力擠壓，或是整成四方形。擠壓之下解凍時會變硬，就不好吃了，切記要保持鬆軟。

至於冷凍燙熟豆子的祕訣，就是要連同煮豆子的湯汁一起冷凍，要是把湯汁倒掉，解凍之後豆子會變得很乾，讓豆子浸泡在湯汁中解凍就能保持水潤。

湯品與高湯的冷凍訣竅，就是先想好一家人每餐使用的份量，分裝成小份。解凍時高湯的精華會先融化，水分之後才融化，記得要等到全部融化後再使用。如果還沒融完就用，之後的部分就會成了味道很淡的水，要特別留意。

活動式廚房

我的廚房工作室設計的概念，是四周牆面上有訂做的櫥櫃，在中央區域則是全部皆可移動的物件。乍看之下不像是固定位置的廚房吧台，其實是可動的。這些來自設計師的巧思，為了是將狹窄的空間發揮到最大功用，**或許正因為空間狹窄，才能激發出這些靈感**。

這座廚房吧台可以到處移動，從空間的這一端到另一端。地板中線上有好幾組插座，移動到哪裡都沒問題。家裡所有的鍋子、平底鍋、餐具等重物，全收納在這組吧台裡，加上微波爐，沒有實際量過總重量究竟有多少，但兩個女生就能輕鬆移動。

這組可動式吧台，讓我的廚房工作室使用效率增加了百分之兩百左右；另外，還有相同材質的小櫃子和小架子，同樣也都可移動，能夠因應需求變化不同組合。光是將吧台的角度轉個九十度，廚房的用法就大不相同。

ㄇ字形時適合示範教學，或是有十個人左右一起做菜時使用。平行配置時，人會繞著吧台周圍，是開派對時最理想的使用方式。此外，若將吧台移動到廚房正中央，在烹飪教室學員的實作課程就十分方便好用。拍攝雜誌或書籍的照片時，有些攝影師喜歡把吧台移動到廚房的另一頭，可以因應個人不同喜好來配置的這套廚房工作室，大家都覺得非常實用，廣受好評。

和吧台高度差不多的架子雖然不顯眼，卻大大發揮功用，上方鋪了厚厚的橄欖木板，可以當作臨時工作台。橄欖木板用得愈久，愈能散發出成熟的風韻。此外，裝抹布的籃子也可隨意移動，作業時可以拉過來放在身邊，因應隨時需要。

因為狹窄空間而孕育出的活動式廚房，非常成功。要是有足夠寬敞的空間，或許就不會想到了吧。話說回來，無論是將吧台轉九十度，或是移動幾公尺，有些人還是完全沒察覺到呢！

善用籃子

在我的日常生活中，使用到籃子的場合多到數也數不清，接下來就介紹其中幾個情境。

洋蔥、紅蘿蔔、薯芋類不放進冰箱，我都收在一只比較深的籃子裡；另外，辣椒則整把放在隨手可取的籃子裡。玻璃瓶撕掉標籤洗乾淨之後，和瓶蓋分開，放進堅固的籃子裡；因為玻璃瓶比較重，要用牢靠一些的籃子。塑膠保鮮容器則放進容量大、有上蓋的籃子裡。至於使用過的抹布，就暫時丟進有提把的籃子裡，等待之後清洗。在山裡的家中櫥櫃，放了方形的箭竹深籃，可以將義大利麵、各式乾貨分門別類收納；這種籃子是長野戶隱地區的名產，箭竹的質地堅硬，需要很大的力氣才能編織成籃子，通常都是由男性來編織。

如果有些籃子裝了零碎純欣賞過過癮東西，如火柴、點火槍一類，還有小筷架類，放在稍微比視線高一點的位置，這麼一來平常看不到籃子裡的內容物，整個空間就變得清爽了。保養品之類的瑣碎小物分類用籃子收好的話，除了視覺上清爽，使用上也隨時方便拿取，輕鬆無壓力。電視、空調的遙控器這類容易變得雜亂的物品，找個尺寸剛好的籃子收起來。信件、文件等也可放進籃子裡暫存。至於在玄關，則有放鑰匙的籃子、放拖鞋的籃子。

對於分類之後不知道該怎麼收放，或是得拿出來才好用但外觀實在不好看的物品，最輕鬆的收納方式就是善用籃子。大部分的籃子都沒有上蓋，因此要拿取或收放都很方便。只要留意放置的場所，甚至還可以當作兼具收納功能的時尚家飾。要是沒有籃子，就得增設家中收納的架子了。

義大利住處的廚房沒什麼收納空間，但是我在伸手可及的層架上放了一整排籃子。抹布、塑膠袋、隔熱墊、食物處理機的零件、暖爐用的小工具等，全都放在橄欖枝編成的深籃子裡，而這種橄欖枝原本是用來採葡萄，我也會用這種籃子來裝蔬菜、水果，非常好用，每一只都用了二十年之久。採用天然材質製成，使用了幾十年後更散發出難以形容的深層韻味；悉心使用的話，用個幾十年都不成問題。

在戶隱的籃子店裡我看到覺得很棒的幾只籃子，整體帶著麥芽糖色的光澤，無奈這是上一代老闆編織的作品，僅供欣賞，都是非賣品，我只好純欣賞過過癮之後就離開，並且拜託老闆下次再讓我看看。這是唯有用時間才能打造出來的珍貴逸品，有錢也買不到。

籃子雖然不是藝術品，但作為日常用品卻愈用愈美、愈有韻味，籃子的魅力真是道也道不盡。

清洗時作業流暢的訣竅

做完菜之後通常都想要迅速清洗工具、碗盤。**最理想的狀況就是一邊做菜，然後趁一有空的時候就清洗、整理，等到菜做好時也全部清理乾淨。**但是，真是知易行難呀！其實連我也是，只要一不留神，或是身體狀況沒那麼好的時候，也無法保持這種行雲流水的作業。

能集中火力兼顧做菜和清理時，心情特別暢快。一開始作業起來沒那麼順暢也無所謂，每個人剛起步時都一樣，但只要每天認真做菜、整理，幾年之後自然而然熟能生巧。雙手根本不用思考就自己動了起來，非常奇妙，我好像就是會不知不覺清洗、擦拭。

過去曾有雜誌刊載專題報導，內容是用相機一格格拍下我在廚房裡的一連串作業流程。有一張照片是我左手忙著做菜，右手拿著抹布擦拭周圍，我自己看到時都忍不住笑了。兩手能同時展開不同作業，表示我身體狀況絕佳，而且能夠專心，集中注意力。

在製作天婦羅的麵衣或是蛋糕麵糰時，沾到麵粉黏糊糊的工具要先用冷水，而且用「手掌」清洗，千萬別馬上用熱水和海綿清洗。相信大家也都有過類似的經驗，麵粉類一遇到熱就會變成糊糊的狀態，這時用海綿清洗會沾上許多麵粉顆粒，變得更髒。記得要在大致清乾淨之後，再用海綿或清潔劑刷洗，最後用溫水沖乾淨。

鍋子、平底鍋如果燒焦，或是有難洗的髒汙時，先撒點小蘇打，倒入一點熱水後靜置；放到隔天的話，焦垢就會剝落，可以輕鬆洗乾淨，我經常拿過期的小蘇打來清洗鍋具。而在清洗鍋子、平底鍋絕對少不了橢圓形的「龜之子鬃刷」，用鬃刷時會比用西式刷子要來得用力，加上棕櫚緊密紮成，就算全身體重壓上去也不會變形。

清洗髒碗盤鍋具時，只要拿出幹勁就會覺得輕鬆愉快。抱持愉悅情緒時非常奇妙，覺得三兩下就完成，如果一副心不甘情不願，不僅弄半天忙不完，連先前享用美味餐點的餘韻都煙消雲散。

稍微在腦子裡整理一下清洗時的先後順序。要是同時有玻璃杯、飯碗、漆器等，拿到什麼洗什麼的話，就必須使用大量的清潔劑和熱水，洗好之後該放哪裡也很傷腦筋，最好先排定順序：

①同一類餐具先歸類。

②飯碗裡沾了飯粒之類不容易去除的殘渣時，先泡水一會兒。

③沾了油之後不方便疊放的碗盤鍋具，先以使用過的廚房紙巾把油脂擦掉再疊放。

④可用琵琶湖抹布，或用質地薄的小塊抹布代替，在不使用清潔劑之下以溫水先清洗沒沾到油脂的器皿。其實光是這樣就差不多都能洗

乾淨，除非真的有必要，再使用海綿和清潔劑來洗。

⑤最後用掌心檢查是否都洗乾淨，沒有殘留的髒汙，然後擦乾。

用文字條列出來會覺得有點麻煩，但習慣之後根本不用思考就能迅速清洗完畢。就跟泡沫洗臉一樣，用大量泡沫清洗餐具也會讓餐具乾淨到發亮。我當初就是想要容易起泡的海綿才成立了「la base」這個品牌，這款海綿只要沾溼之後，用一點點清潔劑搓揉一下就會產生大量泡沫，使用的清潔劑不多，也比較環保。用手掌來檢查餐具上的汙垢非常有效。很多看不到的髒汙，在手掌撫摸之下立刻感覺得出來。

喜愛的抹布

我平常使用的抹布，分成擦拭餐具的大尺寸「和太布」抹布、清洗餐具時的琵琶湖抹布、做菜時用的漂白抹布，以及玻璃器皿專用的麻質抹布。我第一次看到琵琶湖抹布，是在一位漆器創作家的廚房裡，後來自己也持續使用。

琵琶湖抹布與和太布都是朝光Tape這間公司生產的商品，我很想看看生產過程，於是跑到名古屋參觀工廠。從父親手上繼承家業的現任老闆，為了傳承以傳統臥雲式紡織機（gara紡）生產製造，排除萬難才得以維持這項事業。據說使用這套設備紡紗時，會發出喀啦喀啦的聲響，所以一般將這套紡織設備稱為「gara紡」。看到一家人總動員的作業現況，讓我愈來愈喜愛這款抹布。

●和太布

市面上現有的款式對我來說小了點，因此我特別請廠商幫我做了稍微大一點的尺寸。採用臥雲式紡織機織出來的布料具備優越的吸水力，我家廚房裡最多的就是這款抹布。為了不讓用過的抹布放著礙眼，我會先暫時丟進籃子裡，等到一整天的工作結束後再全部洗乾淨晾起來，但晾的時候也有我自己的一套規則。從中線折起來，夾起兩端晾乾，這麼一來，乾了之後只要從中心一拉，就會拉起已經折疊整齊的狀態。看著一整疊折得整齊清潔的抹布，心情就好起來。

●琵琶湖抹布

大多用在清洗物品時，只要用琵琶湖抹布以溫水清洗，幾乎所有髒汙都能洗淨。多虧了「gara 紡」的特殊技術，讓布料纖維能完整包裹汙垢，以便徹底清洗。自從有了這款抹布，我平常使用洗潔劑的量也減少了許多。

●漂白抹布

我通常會買一整捆，使用時剪下需要的大小。無論過濾高湯、搓鹽時擰乾水分、覆蓋在飯桶上等等，在各項作業上都少不了漂白抹布。在廚房裡，隨時都會遇到需要漂白抹布的作業，是一件不可或缺的好幫手。

●麻質抹布

因為一直找不到真正合用的，最後我竟然在義大利訂製。我到了布行，從一大本厚厚的樣品冊裡光靠著觸感挑選布料，然後剪裁出我心目中的理想尺寸，製成抹布。我不是以價格作為挑選基準，因此做出來的抹布價格很高，但用這個來擦拭玻璃器具會發出乾淨俐落的聲響，而且能擦得亮晶晶。

義大利的高級麻質布料，可以用上幾十年，而且愈洗用起來愈舒服。雖然價格偏高，但能使用幾十年的話也很划算。要是覺得東西太貴，捨不得用，收起來放著，反而毫無用處。這些東西就是要用了才能發揮價值。

該怎麼收納器皿與筷子？

在購買小碟子、小缽、玻璃杯、茶杯這類數量較多的器皿時，要考量一下收納方式。和食餐具基本上都是一套五件，但這麼一來有破損時就會湊不成套，很麻煩。建議挑選可以購買需要數量的器皿，玻璃杯的話買一、兩個起來放就行了；茶杯、玻璃杯如果不疊放的話根本收納不完，如果挑選可以疊放的款式，整體來說只需要占一件的空間。將櫥櫃內側依照大碗盤、中碗盤、小盤、玻璃杯、漆器等大小與使用習慣來分類，放起來就會清爽整齊。

但是，櫥櫃已經放不下卻又想要新的餐具時，該怎麼辦呢？不如就

當作整理餐具櫃的好機會，趁這時把已經不用的，或是不再符合喜好的物品，經過仔細考量之後全數清理掉，然後再買新的。如果買了卻硬塞進櫥櫃，只會碰壞，或是塞在最裡頭的器皿永遠不會拿出來用，總之，百害而無一利。把久未使用過的器皿拿出來，摸摸看，會感覺到有點黏黏的，而且表面沒什麼光澤；愈是每天使用的器皿，愈會帶有光澤，展現出一股活力。

此外，筷子、刀叉湯匙這類餐具，要是收在抽屜裡會很占空間，**我會用立起來的方式收在工具筒裡，然後放進櫥櫃。**用工具筒來收納，不占空間分類也簡單，加上很快乾燥能常保清潔，優點還不少。清洗整個抽屜並不容易，但工具筒隨時都可以拿到水龍頭底下清洗得乾乾淨淨。會接觸到嘴巴的餐具記得要隨時保持清潔收納。

不同種類的餐具經常一不小心就會混在一起，或是數量兜不起來，但如果分門別類用工具筒來收納，就能隨時檢查。每一類餐具各自收進工具筒裡，收納起來清爽多了。

我家的餐具櫥櫃是訂做的，從地板延伸到天花板。除非遇到把整個家毀掉的地震，否則只要在門上裝設地震用的門擋，就能有某種程度的耐用性。櫥櫃內側從上到下都留有裝設層板的小孔，可以依照需求增設層板，非常方便。

餐具收納在櫥櫃裡千萬不要硬擠，盡量保持多一點空間。這麼一來，只要發現有灰塵時，隨時都能方便擦拭層架。此外，還有些家中隨時會接觸到的地方，有時一不留意就會弄髒，記得要勤加擦拭，常保清潔。

蔬菜渣、廢炸油，這些該怎麼處理？

平常多半做蔬菜料理的我，總會設法將剩下來的食材以各種方式利用完。即使如此，仍然不免有些蔬菜渣。我在思考有什麼方法可以不要直接丟棄時，有人告訴我EM菌（譯註：Effective Microerganisms，也就是「有效微生物群」）的資訊，來得真是時候，我也立刻嘗試。

首先，需要一個能上蓋能完全緊密的桶子，我知道一般桶子很難達到這個標準，於是到EM菌的公司訂製桶子，準備開始嘗試製作EM堆肥。理論上可以放入蔬菜渣和碎屑，魚類、肉類也可以，但我家的堆肥只以蔬菜來製作。我的作法是將蔬菜渣和EM菌一起用食物處理機打碎，同時充分攪拌，然後放進桶子裡，經過三個星期就成了堆肥。我和工作人員一起挖了個大洞，把這些堆肥掩埋起來，回歸大地。原先是瓦礫堆的地方，後來竟然培育出肥沃的黑土，蚯蚓也活力十足。

每次做完菜之後，最後一個製作堆肥的作業是我的工作。平常在工作人員收拾清理碗盤餐具時，我就在一旁製作堆肥。我的料理教室，不時會有對料理工作懷有憧憬而來應徵的人，但實際嘗試之後會發現夢想與現實之間的落差而不知所措。原本以為是很美好帥氣的工作，結果看到我從頭到尾都是一手拿著抹布，甚至有時候還在雙腳上貼著抹布，趴在地上不停打掃（當然，也會有做菜、裝盤，拍照的時候），但大家看著我總像是永遠都在打掃。然後，最後一項製作堆肥的作業，也看不出什麼夢想與希望。終究還是覺得夢想破滅，因而放棄這條路，像這樣的人也不在少數。

我倒是覺得打掃、整理都是料理的一環，再自然不過，總認為喜歡做菜就等於喜歡打掃整理。

至於講到炸油的處理，最後都是用凝固粉讓油凝固變硬之後，當作一般垃圾丟掉。不過，根據油品種類和油炸的順序，每次可使用的次數並不相同。最單純的炸蔬菜最不會弄髒油，其他像是沾了麵衣，或是加入砂糖的食材，一炸之後，油就變髒了，炸肉類、魚類的油也很快就髒，因此做油炸料理時建議先考量順序。

不同油品的保存時間也有差異，一般沙拉油經過油炸就會立刻變質，味道也變差，所以我在家裡都用特級初榨橄欖油。價格上的確不便宜，但無論在口味、酥脆度，以及油品的保存品質上，是其他種類油品無法比擬，這也是不爭的事實。**油炸料理久久吃一次，應當以口味為優先考量**。

特級初榨橄欖油含有豐富的抗氧化物質，因此不容易氧化，代表炸起來口感酥脆，就算涼了也好吃。用容易氧化的油品來油炸，食物馬上變得油膩膩，不好吃。容易氧化的油品對身體不好，從油炸出來的食物就可以一目瞭然。此外，富含抗氧化物質的油品，代表不易變質，可以多用幾次。

喜歡油炸料理的人，在業界其實還不少，比想像中來得多。大家經常稱讚我家的油炸料理好吃，但厲害的並不是我的技術，只是我用的油比較好。挑選優質油品，充分使用，凝固之後再丟掉，這就是我在家中使用炸油的方式。

使用哪種保鮮容器？

保鮮容器永遠都是個課題，無論哪種商品總會遇到「有一好，沒兩好」的現象，至今我還沒找到心目中最適合的一款。最理想的狀態不是有各種類型的容器，而是一個種類之下有各種不同尺寸，而且無論在功能性、收納和設計上都能讓人滿意的商品。可惜，我至今還沒遇到符合這些條件的容器。

其實在日本或國外我都買了不少當初覺得還不錯的商品，但嘗試之後都不算真正滿意。從潔淨感來說，玻璃材質最好，但上蓋還找不到讓人百分之百滿意的。

至於我平常用的，就是一般用來裝蜂蜜或果醬的玻璃瓶。條件是從瓶身到蓋子呈直筒無收縮的造型，而且原先的標籤要容易撕除、上蓋內側不沾染氣味。我發現，要符合這幾項條件的玻璃瓶其實比想像中來得少，光是能把標籤撕得乾淨就不知道有多開心呢。

我會把各種大小的玻璃瓶放進籃子裡，整籃放在比視線高的位置。這麼一來，隨時可以拿取使用又不礙眼。玻璃瓶的優點，就是可以從外面清楚看到內容物、容易保持清潔，而且上蓋可以蓋緊。

有些上蓋或塑膠材質產品的氣味很難清除，這候可以放在室外曬太陽、吹風，兩三天之後就會改善，因此只要一使用完就會放到外頭晾乾。但如果還是有氣味殘留，就直接丟掉不必留著。

當然，也有上蓋跟玻璃瓶分開購買的選項。不過在日本只買得到小瓶子，沒有大尺寸，這一點就很傷腦筋。義大利的超市裡有專賣各種大小尺寸玻璃瓶的專區，而且蓋子和瓶子可以分開購買，太棒了。因為在義大利，至今還有很多家庭保留自製保久食品的習慣，而脫氣處理下瓶蓋容易受損，因此商店裡會單售瓶蓋。在動不動就覺得事事不合邏輯的義大利，這個小地方倒是很合邏輯呢！

以白色器皿爲基本

有一段時期白色器皿很吃香，什麼都要白色才覺得好看。但對我來說，**白色就是基本的器皿顏色，與流行無關**。不管吹起什麼樣的風潮，餐桌上所有的白色器皿永遠都是最美的搭配。

以白色的器皿來盛裝，更加襯托出料理的色彩。不過，器皿收集得愈多，就發現不只有白色，還有織部和燒締等深色、暗紅色，或是穩重的褐色陶器、漆器，以及粉色、鮮綠色、藍色等五顏六色的器皿都出現了。相信很多人家裡的餐具櫃都像拼貼一樣，有各色各款不同的器皿吧！

事實上，**色彩愈多就愈難在餐桌上理想搭配**，加入所有顏色之下，除非真的是搭配高手，否則別說美觀了，更可能會造成太多顏色而導致餐桌上雜亂無章，辛辛苦苦做得一桌好菜也遭到埋沒。即使每一件器皿都很美，但搭配也很重要，就像穿衣服一樣。**要善用彩色器皿，最有效的手法就是用白色當作整合的角色**。例如大家共用的主菜大盤或大碗使用彩色器皿，各自使用的分食小盤、小缽選用白色的，搭配起來就很漂亮。這麼一來，彩色的大盤子或大碗就能成為引以為傲的器皿，非常搶眼。

在我家，簡單造型白色器皿真的是每天餐桌上不可缺少的要角。反過來說，讓大家用各色的分食小盤，中央的主菜器皿使用白色的，看起來也很美麗大方，如果想挑戰高一點的等級，多幾件焦褐色、黑色的器皿，搭配起來也好看。此外，整體以白色、焦褐色之類的大地色為主，其他小筷架、小碟子使用明亮的色彩，也是一種搭配手法。

餐桌搭配跟服飾穿搭是不是可以運用同一套思維呢？各款白色器皿就像是最基本的內搭衣，就用化妝、打扮的心情來來享受妝點餐桌的樂趣吧！

托盤、筷架

日本自古以來在祭神時使用，邊緣稍微高一點的托盤，叫做「折敷」。周圍稍高的款式，給人一種高高在上的感覺，因此我平常在家裡用的比較像是一塊平板狀，類似餐墊那種隨性一點的款式。

家裡目前有三款托盤，輪島的漆器、橄欖木板，以及委託瑞典創作家手工打造的合板材質。日本製的廠商在輪島，沒什麼問題，但要向義大利以及瑞典創作家解釋「折敷」的形式就有點困難。是墊在器皿下面的板子？得從這裡開始說起才行。

再來講到筷架，對方會覺得為什麼還需要一個小東西來放筷子呢？這些平常覺得再理所當然不過，從來沒想過為什麼的事情，要向毫無概念的外國人解釋，真的很難。但也多虧這樣的經驗，讓我認為托盤及筷架的確有其必要。

我家裡的三款托盤都是特別訂製的款式。至於為什麼要特別訂製，是因為市售的托盤就算盛放上器皿看起來不錯，卻無法配合我家餐桌大小以及入座人數的尺寸，看來看去都找不到，只能訂製了。

當初在輪島創作家的工作室看到作業專用的橡膠墊，我一眼就注意到那就是我要的尺寸，因此委託對方幫我打造相同大小的產品。那時不確定實際數據，單純從直覺判斷的大小，果然就是用起來覺得舒服的尺寸。也是後來才曉得，原來我提出來的是精準的正方形。

把器皿放在托盤上，就會有一種重視飲食的心情。在這一小塊正方形的世界裡，也能細細考量均衡的器皿搭配。更重要的是，只要將托盤端上桌，自然而然就湧現「開動了！」的心情。養成了每餐飯都使用托盤的習慣後，若看到沒有托盤的餐桌，甚至會覺得不夠嚴謹有禮呢。

義大利的橄欖木板，要是打造得超薄就會反折，因此採取層板的方式。不過很容易鬆掉，我不時得自己維修。為什麼薄的比較好，這一點木工師傅不知道問了我多少次，但我就是喜歡薄的嘛！「反正就要薄的！」就這樣吵著請人家幫我做。因為對他們這種覺得厚重才好的觀念來說，怎麼說都沒用。漂亮的木紋和義大利的白色器皿，搭配起來真美。

至於瑞典合板那一款的創作家是一位家具設計師，在挑選木色看到截面時，就拜託設計師要幫我做出漂亮的條紋構圖。雖然採用合板，卻是疊了好幾片品質優良的木板，從每個角度看都是非常美的木板。裁切作業也和創作者的品味息息相關，每個角度都不同。我請對方打造出端起來手指容易拿取的角度，最後的成品完全符合日本人喜好的輕、薄、美。

在歐美人的眼中，似乎厚重的木板要來得比輕薄的好。他們好像不懂得這些細節上感覺的差異，不過他們通常手掌比較大，也相對有力氣。日本人的手掌比較薄，且纖細、敏感。既然在本質上就有不同，也不強求對方能真正理解。

幸好瑞典的設計師非常能體諒我的想法，我想，對於美的尺度是一致的，因此才能打造這樣的成品。從歐洲訂製的托盤，和我每天早餐中的麵包、奶茶實在太搭了。

菜刀要不時研磨

這是一位刀具公司社長對我說的第一句話，我將這句話銘記於心。無論多鋒利好切的菜刀，長期使用之下都會變鈍。過去我每個月會請一位老爺爺來幫忙磨菜刀，自從他過世之後，我就決定要自己來。一開始有樣學樣的磨了之後，發現並沒有變得比較鋒利，覺得自己真沒用，不過從此也對研磨菜刀產生了興趣。

不少家庭裡即使有很好的菜刀，也沒有好好保養，用到變鈍為止，或是繼續勉強使用。但其實只要定時研磨就會變得鋒利，放著不管就太可惜了。有多少人家裡放了磨刀石呢？我家中有中磨、細磨等不同粗細的磨刀石以及定位底台，平常有點時間我就會來磨刀。邊磨邊試切之下，會切出一大堆蔬菜，之後就拿這些來做各類蔬菜料理。

試刀時切青蔥、番茄可以很明顯感受到鋒利程度，但其實曬到半乾的蘿蔔葉也很適合，因為纖維比較粗，不夠鋒利的刀就沒辦法切得細。我會拿曬在窗邊的蘿蔔葉不停試切，切出大量蘿蔔葉細末後做成拌飯料，送給工作人員當作伴手禮，要是菜刀夠鋒利，三兩下就切完。如果切出大量蔥花，就淋上麻油，撒點山椒鹽拌一拌，做成好吃的佐料，搭清蒸雞肉、豆腐、中式拌麵都好吃。

每次磨菜刀，都會順帶做出好吃的東西。菜刀磨利了就想拿來切菜呀！真是非常奇妙的心態。用一把變鈍的菜刀勉強切菜，不但心情不好也容易受傷。相反地，**用鋒利的菜刀來做菜，不知不覺就全神貫注，感覺自己廚藝提升，心情一好，實際上做出來的菜也更好吃。**

話說回來，菜刀也有好磨跟不好磨的。據說是跟刀具的製作方式有關。如果想隨時保持做菜好心情，原則上都會自己磨刀的話，建議購買時就先請教刀具廠商，推薦一般人也能自行研磨的款式。

採取正確姿勢專心磨刀之下，能體驗到心無旁騖的境界，這大概已經算是「悟道」的領域了，正因為這樣，才會讓人更一頭栽進去吧。讓我不禁認為，厲害的磨刀師傅其實就跟修行僧沒兩樣，我希望自己也能更接近「得道」的境界。

可別因為菜刀變鈍了就把它丟掉，用自己的雙手好好保養，繼續長長久久使用，享受做菜的樂趣。

第3章

居住

勤做家事不但輕鬆，而且愉快

光是聽到做家事，恐怕很多人會覺得麻煩又討厭，能免則免吧？不過，我是個熱愛做家事的人，我甚至認為，如果「只要做家事就好」不知道有多開心。然而，實際上我分配給做家事的時間並不多，我的方法就是勤做家事，換句話說就是「五分鐘家事法」。

五分鐘的時間能做些什麼呢？比方說：

- 把廚房的地板擦一遍。
- 櫥櫃把手部分很容易就弄髒，把所有把手全部擦過一輪。
- 擦拭椅背。

・用乾布擦拭銅質茶壺。
・刷洗流理台的角落。
……認真講起來可是數也數不清。

一次五分鐘，慢慢累積下來，一整天也能將不少地方清理得乾乾淨淨。我經常在寫稿或是設計菜單時，一覺得腦袋轉不過來就會休息一下，喝杯茶，但如果專心做五分鐘家事，就能徹底轉換心情，腦中出現新的點子。

五分鐘之後，即使還沒做完也會先暫停，等下一次再繼續五分鐘。採用這種方法之下，工作時也能一邊讓家裡變得更乾淨。

收拾整理時，有什麼規則？

我並沒有什麼固定的整理規則，總之就是從手邊開始收拾。是的，從**手邊開始一項一項依序的整理，看起來好像效率很差，但其實這才是最快的方法。**

首先，把散亂的物品分類，在思考的同時活動身體，陸續整理，這樣不但比較快，整理過的地方一目瞭然，很容易看出成果。看到成果之後，也能大致估算出接下來還需要多少時間才能整理完畢；每次在廚房裡完成大工程之後，就會開始用這樣的方式來整理。我經常在家裡收拾整理各個角落，**比方有十分鐘空檔，可以整理一個抽屜，或是打掃一個櫃子；**類似這樣區分，時間到了就停止，等到下次有時間再繼續，大概是這種方式。

小時候我母親就是這樣收拾整理家裡。她花的時間比我多，像是今天整理這整個櫃子，然後就會一直待在儲藏間裡，這些我都記得很清楚，這些習慣也都會傳給自己的子女（倒不知道我幾個女兒有沒有學會）。

對了，所謂的儲藏間，一般是很高級的住宅裡才會設置，不然多半有個大衣櫃就很棒了。我以前住的地方就沒有這些空間，收納上很傷腦筋，在窄小空間裡得加設架子、吊桿，必須收放的東西只能裝箱像積木一樣疊起來收納，就這樣撐過好一段時間。

長期下來，我的家當只剩下目前空間可容納的份量，外出時只要隨身攜帶書本和筆電。因為想要保持這樣的狀態，一旦發現不需要的東西就立刻處理掉，偶爾決定得太快，還會發生「怎麼被我丟掉了?!」的意外。

只要有個儲藏間，其他的空間就能保持清爽；即使房子小，也希望至少保留一處大櫥櫃的空間。

打掃工具

因為工作的關係，我試用過各型各款的吸塵器，但到頭來我最喜歡的就是「掃把」，因為無論多厲害的電動吸塵器也是會髒，久了之後甚至想要一台清理吸塵器的吸塵器，我始終沒遇到心目中最理想的吸塵器。

在英國，可能因為很多房子都鋪設地毯，也有很知名的吸塵器品牌，但親自使用過後，我覺得清掃專業人士用的「小亨利吸塵器」很不錯。外觀是個畫了眼睛和笑臉，長得笨笨呆呆，看起來就像玩具一樣的紅色物體，但裝了集塵袋的內部很乾淨，市面上沒有幾款吸塵器的內部能保持這麼乾淨。此外，外觀這麼逗趣，裡頭卻能如此乾淨的吸塵器也很罕見，沒有其他多餘的設計這一點也很棒，只是對我家來說體積太大，並不合用。

如果要我只能選一項打掃工具的話，我會選掃把。

掃把不會發出噪音又輕巧，而且隨時想到都能輕鬆打掃，堪稱最適合「不堆積的簡單生活哲學」的打掃工具。日本的傳統手工製作掃把非常棒，可說是世界第一，每次使用時都忍不住引以為傲。

因為我喜歡掃把，到了外國也會買掃把，但日本製的就是品質卓越，其他國家的產品完全比不上。掃起來感覺很順手，就算是小碎片或是卡在溝裡的垃圾也能輕易清出來，只要再加上畚箕和抹布，簡直是如虎添翼。

此外，掃把不需要平面的收納空間，只要有一面牆就行了。「掃把、畚箕、抹布」是永遠經典不敗的打掃工具組。地震的受災戶也說，掃把是最棒的工具，在停電無法使用吸塵器時，地上全是破掉的陶器、玻璃碎片，不清掉連走路都很困難，萬一這時還沒有掃把，光是想像就毛骨悚然。雖然不適合清潔地毯，但建議家家戶戶還是要常備一把掃把。

書信、文件該怎麼整理？

老實說，這一項真的是我的罩門，每天都會收到各式各樣的文件：電子郵件、信件、廣告單、雜誌……等。電子郵件最理想的作法就是收到之後直接回覆，這麼一來，信件不會累積在電腦裡，同時也不會一直想著得回信的壓力。話說回來，雖然電子郵件隨時都能收發，但有些內容仍然得思考過後才能回覆；除此之外，如果是一般的聯絡信件，我都會提醒自己要盡快處理。

雖然我也很想讓電腦上的垃圾桶盡快清空，但這畢竟和廚房垃圾不太相同，還是得放一陣子再清理。實體郵件要是沒有當天處理，文件、信件一下子就會堆積如山，連看都不想看，最後就會愈拖愈久，遲遲不去動手。

能丟的東西就盡可能丟掉，需要留下來的放進「待處理」的箱子裡；待處理的箱子要是太大就會累積過多東西，挑個小的來用就好。**待處理的物品以三天為單位，每三天處理一次**。新一期的雜誌趁著還新的時候給想要的人，其他就盡快丟掉。總之，為了不累積過多雜物，這時只能努力丟，加上我本來就不擅長這方面的整理，要是不盡快動手，之後就更辛苦了。

同樣的道理，通常出遠門回家之後，會累到不想打開行李箱吧？但我一樣在回家後一、兩個小時內就會打開行李箱，整理完就把行李箱歸位。這種事也需要稍微勉強自己才做得到，但一旦做了，就能夠立刻有效地轉換回到家的氣氛，不再繼續留戀於度假模式。

一定要記得提醒自己：**愈不擅長的事，就要愈快動手處理**。

不容易收納的包包、帽子、行李箱該怎麼辦？

這些東西，都很不容易收放呢！

包包，每一個形狀都不同，有些沒辦法單獨立起來，有些一旦變形就毀了，加上占空間，是在收納上令人苦惱的品項之一。我在家裡會把能攤平的包包折起來疊放進抽屜裡，不能攤平折疊的就掛在S形的掛勾架上，也能保持外觀不變形。

如果有防護用的防塵布袋會一起掛起來。有些直接收著會凹陷變形的款式，就在裡頭塞點東西，至於塞些什麼呢？我通常選擇絲巾或圍巾。把絲巾或圍巾輕輕地捲成一團，鬆鬆地塞進包包裡，羊毛織品還可以連同防蟲劑一起放進包包裡，除了保持外型之外還兼具防蟲效果。

包包其實比想像中更容易弄髒，要時常刷，或是用清潔劑去除髒汙，勤加保養。要是沒有好好保養，是無法展現長期使用下的優點。我的包包款式不跟流行，一用就是二十年。我挑選的重點是設計簡單，材質紮實，加上保養勤勞，用起來很舒服，並不需要太多個。

帽子最理想的收納方式就是裝在箱子裡，但在有限的空間是無法實現的，因此我都選用拉菲草繩編織或是布質這些能夠折疊或疊放收納的種類。在日照逐年變得猛烈的日本夏季，帽子已經超越時尚功能，成了必備品。家中備有幾頂可折疊的帽子，供外出時選用也很棒。

行李箱對於經常外出的我來說不可或缺，我有大、中、小不同尺寸的共三個。當初特地挑選可以大裝小的尺寸，因此即使有三個也只需要占一個大行李箱的空間。

平時不常旅行的人或許能用行李箱來代替收納空間，但像我這種每個月要換地方住的人，就沒辦法把行李箱拿來作為收納使用。隨時要保持裡頭是空的，出遠門一回到家就立刻整理，把行李箱放回原來的位置。

第4章

個人保養

DIET（健康飲食）

想要變瘦，當然需要健康飲食，但就算身材不胖甚至是很瘦的人，也需要健康飲食。

健康飲食＝DIET（英文）＝DIETA（義大利文），但在日本講到這個外來語，通常指的都是節食瘦身，經常造成誤解。

DIET、DIETA 真正的意思，應該是為了健康而正確飲食。經常看到有廣告宣稱「為了瘦身要以攝取流質食物來取代三餐，就能瘦下幾公斤」，但這樣能維持一輩子嗎？

其實，真正的 DIET 健康飲食，是可以持續一生的。我認為對於腸子比較長的日本人來說，飲食的基本架構是攝取大量蔬菜及穀類，以近海的青皮魚為主食，搭配少量肉類，留意調味中糖與鹽不要過量。攝取食物的營養，充分活動身體好好工作，並在生活中隨時面帶笑容——這些看似理所當然的事，我認為就是**DIET**的基本。

每個民族會因為各自的生存環境，經過長時間發展出不同的身體特性，適合外國人的健康飲食會同樣適合我們日本人嗎？既然身體構造有差異，就未必適合。

在西歐地區，本來就不像日本有那麼多種類的蔬菜，也有不少人大量攝取肉類、糖分又飲酒，身體仍然健康又長壽。所以說要多吃蔬菜才會對身體好，實在很難一概而論，這是我長期居住海外之後才體會到的事實。

我在義大利的住家有一位很漂亮的老奶奶鄰居，外表非常年輕，絕對想不到她已經八十幾歲了。而且她總是挺直背脊，走在坡道上也健步如飛，加上廚藝精湛，是我崇拜的偶像。我問她：「要怎麼樣才能像妳這樣有活力？」她說：「要工作，好好過每一天。」

老奶奶的家裡全是身材高大的男人，平常清洗的衣物尺寸和份量都很驚人，但她也不送洗衣店。從全家人的衣物到床罩、被單，日復一日清洗、晾乾，都是老奶奶的工作。還有打掃庭院也是她的工作，甚至連我家的院子也會幫忙打掃；而老奶奶家的廚房不時會飄散出美味的香氣。我覺得除了她自己的想法之外，全家人沒有把她當成老人來看待的態度也非常重要。

近年來，一般人多半認為只要有正常飲食加上規律的運動就是健康生活必備，但其實另一個重點就是要適度做家事，勞動身體。每天自己做飯、打掃、洗衣服，這樣平凡的生活就和健康飲食的道理一樣。

對了，聽說保證一定會瘦、而且索費相當高價的健身教練，和學員制定的課程中，其中一項就是每天要徹底打掃；也就是說，重點是要能貫徹一般的正常生活。

觀察我身邊的人也發現，平常自己做飯、認真打掃的人幾乎沒有文明病，多半都能維持一般恰到好處的體型。

腹部不囤積

人體中到處都有「管路」，包括消化器官和血管等等。這些地方一旦堵塞、不順暢，就會不舒服，甚至會導致疾病；最容易感受到的就是消化器官吧！之前我聽到這句話——「有必須的腹瀉卻沒有必須的便祕」，覺得滿有道理。也就是說，有時有排除的必要，但從來沒有囤積的必要。每天要是腸胃暢通，就會覺得一整天全身神清氣爽。體內清爽，心情也會穩定沉著，腦袋自然也清楚。

體內囤積廢物，對身、心都不好。我曾經想以「排泄」為主題規劃一本食譜，但不知道是不是表現得太直白，不討出版社喜歡，內容本身雖然就是排泄，卻在表達上偏離了我的本意。

其實我一直認為，不要囤積、正常排除是很重要的一件事。可惜那時候「排毒」這個詞還不普遍，也沒辦法，但時至今日，「排毒」的概念相當流行，可以更坦率直接表達，當初的食譜應該會受到歡迎。

講到有助排泄的飲食，就是大量纖維加上勤加補充水分……聽起來似乎不怎麼美味，其實是很可口的餐點。以蔬菜、豆類、糙米為主，搭配水果，以及少量的肉類及海鮮，這樣說起來就是我平常在家的飲食啊！攝取看來再理所當然不過的食物，看來正是消除便祕的關鍵。

我認為，保持健康的基本原則，就是自己的飲食自己動手做。**選擇要吃什麼，要吃多少，誠實傾聽自己身體的聲音是最自然的作法**。自己動手做的話，食材的好壞自己清楚，也會養成習慣思考自己究竟需要什麼。而自己做的好處就是能夠控制飲食營養，如果是外食就不容易控制，身材肥胖或是為文明病所苦的人，絕大部分都是外食族。不妨回歸自己動手做飯的基本原則，認真規劃三餐飲食。

有位非常喜愛外食吃大餐的老饕友人，在醫師的建議下不得不瘦身，有好幾個月都沒在餐會上看到他露臉。相隔一陣子再見他時，體重竟然掉了三十公斤，臉也變小了。原本熱愛外食的他，聽說一天三餐都在專家指導之下自炊，才有這樣的成果。親眼見識到他的強烈意志，以及證明了自己動手做飯的重要性，讓我非常感動。

蔬菜、海鮮、糙米，這樣的飲食內容長期持續下，偶爾也會想吃點肉和白米飯。我有時候會吃白米飯、牛排，當然也享用甜食。但吃完這些東西後，隔天就想恢復吃糙米飯的日子。**過於嚴謹的日常飲食是沒辦法長久維持的，重點就是讓身體自然而然地愛上吃糙米飯。**不僅為了消除便祕這種消極的目的，更要積極度過充滿活力的每一天；因此，飲食真的是非常重要的關鍵。

不累積壓力

過去我曾目睹一位友人面紅耳赤，氣到七竅生煙的一幕。據說是為了剛落成不久的住宅附近電線桿的位置和電力公司起爭執。我聽了嚇一大跳，但同時也有點羨慕，無法控制情緒下釋放了壓力之後，應該很爽快吧。只是會帶給周遭的人不少麻煩就是了。

憤怒的表達、悲傷的眼淚，為什麼會這樣呢？背後的機制讓我覺得很奇妙。大哭之後，眼淚會帶走悲傷；氣得頭頂冒煙之後，怒氣也會逐漸平息。情緒釋放出來之後，心情會沉靜下來，達到整理情緒的目的。這些情緒最好不要累積，不時釋放一下比較好。

除了憤怒、悲傷之外，人生在世總是避免不了承受壓力。如果是無論如何都得扛下來的壓力，何不設法好好與壓力共存呢？換個角度思考就能克服負面因素，還能藉此大幅成長。

例如，不擅長收拾整理的人，可以先從檢視房間角落的物品開始，「需要嗎？」「不要了？」用自問自答的方式來決定物品的去向。如果覺得這樣很難，就準備幾個整理箱，把物品分類放進整理箱。

這種「分類整理法」是在我在家中孩子還小時想出來的，讓他們感到很有趣而願意一起整理。

比方說，洋娃娃放這箱、拼圖放這箱，類似這樣有一種玩遊戲的感覺，把東西分門別類收進整理箱。三歲小孩都做得到，大人當然也做得到吧！不擅長與人相處的話，乾脆自己主動邀請別人，或許會有意想不到的樂趣，從此大為改觀。

「即使有不得不超越的障礙，只要去找出必須超越的價值就好」，

其實這是我經常告訴自己的話。把自己放在思考的框架之外，從看待他人的客觀角度來看待自己，這也是一種方法。如果是在能夠容忍範圍內的壓力倒還好，但不時會有超過容忍範圍內的壓力，真的不容易。

我愛肥皂

使用固體肥皂的人似乎變少了，現在到處看到的都是液態肥皂，但我是固體派。

我喜歡薰衣草和馬鞭草的香氣，買了好多放在家裡。薰衣草我買的是佛羅倫斯「Santa Maria Novella」這個牌子，馬鞭草則固定用歐舒丹，有時候也用京都俵屋的小方皂。另外，我還會把薰衣草皂放在衣物抽屜裡，因為薰衣草本來就有除蟲的作用，香氣又很宜人，所以把肥皂和衣物、內衣類收放在一起，可說是一舉兩得。

洗臉時我不太愛用泡沫洗面乳，還是偏愛使用肥皂，在充分起泡之後，用質地稍微紮實的泡沫來洗臉，否則就覺得像沒洗過。雖然女兒說這樣會傷到臉部肌膚，要我別再這樣洗。不過現在沒這個問題，自從我訂製了很容易起泡的洗臉海綿之後，搓出來的泡泡質感截然不同。

先將海綿沾溼，在肥皂上搓個七、八下，然後在掌心繞幾圈，就會非常神奇冒出像是小山一樣的綿密泡沫，而且是紮實且細緻的泡沫。在掌心上取用大量泡沫，敷在臉上，感覺和掌心之間有超過一公分的泡沫層，輕輕按壓之下，泡沫好像會吸附在皮膚上，用水沖乾淨之後，肌膚會變得潔淨緊緻。

我也嘗試過液體洗面皂，完全不行！感覺就是灌了水，質地很稀，試過就能清楚感受到。雖說液態肥皂故名思義就是將肥皂溶於水，可以想像理應如此，但讓我實際感受到的，是花了容器的費用，卻買到跟水沒兩樣的產品呢！

普通就好

從里昂到巴黎的列車上，坐在我正對面的是一名婦人，我的目光忍不住被她吸引過去。只見她挺直了背脊，坐姿端正，身上的穿搭一眼就看得出來是名牌，而且都是經過妥善保養，使用了很多年，讓我看得目不轉睛。

磨得光亮的綁繩平底鞋、白色麻質襯衫搭配外套，外加長褲的造型，還繫了腰帶。整體配色以褐色為主，包包也是保養得很好，流露出長久使用下的韻味。由於平常不太會看到這樣的人，現在就坐在我面前，讓我像是欣賞著電影裡的一幕，沿途心情大好，感覺沒多久就抵達巴黎。

在沒有特別不同的普通造型之下，卻能不經意深深吸引人，才是最美好的。普通的襯衫和長褲，都是基本的衣物單品，但只要極簡又有品味，散發出高雅的氣質，就不需要其他多餘的點綴了。能毫不矯作穿著基本款的襯衫真的很迷人，要能達到這種境界可不是簡單的事。只要本身有內涵，外表的穿搭愈簡單愈能展現一個人的美好；裝扮就和一個人的本質一樣。

英文和日文外來語中對於「plain」、「simple」這幾個詞的解讀有些微差異，比起正面意義，有時候多半帶點負面的意思。或許這是因為以「極簡」為極致美感的日本，和以「堆疊裝飾」來展現美的西方世界，原本就有不同的感覺。所以我喜歡日本外來語「シンプル（simple）」的用法。

講到正向意義上的「簡單」之困難，這一點也反映在料理上。經常有人用歐姆蛋來做比喻，的確，歐姆蛋這道菜無論做過多少次，還是會讓我忍不住思索「這次做得夠好嗎」，何況講到時尚穿搭？還差得遠了。

日常飲食最高的理想就是不使用珍稀食材，以普通的食材來做出美味料理。最基本的米飯、味噌湯，如果能做到非常好吃，我認為這就是最豐盛的美食。我也在不知不覺間，以這樣的高品質作為日常三餐的目標。

自然的態度也有很多值得學習的地方。一根草木並不特別起眼，也不會高聲主張，但任何細節都在精算之下的美，這樣的事物特別吸引人。

無論時尚或料理，我認為終究還是歸向同一個地方吧！凡事追求普通就是美好，這也是我接下來設定的目標。

第5章

愉快生活

招待賓客時必備條件

美食，美酒，加上好夥伴，理論上就是超級完美的組合。如果事先規劃好流程，就能讓大家在聚會中更盡興；預先處理好食材，加上稍微預留出餐所需的空間，就能讓聚會進行得更順暢。

以我家的空間來說，最多容納六個人。這個天花板較低，看似地洞的空間，是我日常生活的範圍，花了許多心思設計成可以靜下心來用餐與對話的環境。平常我在這裡工作，燈光設計的比較亮，但有客人時，就可以調整成稍微昏暗的燈光，再搭配蠟燭氣氛就更棒了。

燭光，是能為日常空間帶來特殊氣氛的魔法照明，會讓酒和食物看起來更美味，更能靜下心來悠閒享受美好時光。

為了讓眾人能夠沉浸在這愉快的時光，主人在出餐時也要保持流暢的節奏。沒有必要勉強做一些自己不擅長的宴客料理，自己常做的拿手菜一定做起來比較輕鬆而且好吃。如果真的想做一些有別於日常的特殊菜色，明智的作法是事先多做幾次，聽聽家人的意見，讓這道菜也成為自己的拿手菜。

另一個讓流程順暢的重點就是「保留適當所需」的空間，讓作業時比較得心應手，像是要用到的器皿、餐具，都事先放在方便拿取的櫃子裡。我家裡幾個方便拿取的櫥櫃之中，總會保留一個是清空的，或許有人會想，廚房已經這麼小了，為什麼還要挪出一個空間呢？其實這處空間正是招待賓客時讓作業流暢的關鍵所在。

依照順序放置器皿的話，就能在腦中清楚整理好，這套器皿搭配這道菜。無論是私生活中招待少數或多數賓客，或是多人數的教室，都可以用同一套方法。在不大的空間裡，反倒希望能保留一處空間，設計妥善的作業流程。

上烹飪課時事先準備好所需食材與器具，示範之後就讓學員實做，吃完成品，最後收拾整理。這一連串作業要流暢進行，中間不被其他事情卡住，整體事前規劃以及留下一處空間讓作業妥善進行是不可或缺的要點。在烹飪教室裡，學員說出「好好吃！」的感想令我欣慰，但我更希望學員不只關注料理，能睜大眼睛多觀察其他用心安排的地方。

如果沒有多餘可空出來的櫥櫃時，放一台沒放任何東西的小推車也很有用。盡量花點工夫找出什麼都不放的檯子或櫥櫃，就算是減少一些餐具來製造空間，也很值得；以專業餐廳比擬，大概就是「餐檯」的角色吧！

一個人飲酒

我的生活中經常會遇到白天和很多人熱鬧用餐，晚上靜靜一個人過的情境。一個人隨興悠閒享用美食，也很愜意，每當這個時候，難免會想喝點酒。雖然我不是海量，但如果是能讓美食變得更可口，我倒不排斥。

一群人齊聚一堂時，品質一般的酒也能在適飲期間內就喝掉，但如果是我自己開一瓶酒，得要兩、三天時間才能喝完。換句話說，必須挑選放了兩三天一樣好喝的酒才行，比如好一點的紅酒就能這樣喝。

正因為一個人喝，才要享受稍微奢華一點的樂趣。有的酒甚至在開瓶後的隔天更好喝，除了本質紮實能耐放的酒，一般酒款很難達到這樣的要求，我喜歡這種到最後一滴都好喝的酒。品質普通的酒經常喝到一半就喝不下去，然後剩下的就拿來做燉牛肉或是肉醬，而且會想乾脆全倒下去一次用完。但畢竟不會三天兩頭就做燉煮料理，終究還是要挑選能慢慢喝到最後還是很享受的優質好酒。另外，抽真空器是一定要的，用橡膠瓶塞塞住之後，抽出瓶子裡的空氣，就能在良好狀態下稍微延長保存。

有一瓶能喝到最後一滴也好喝的美酒，沉浸在美味與香氣的餘韻中，整個人都感覺幸福。

落葉

東京的店在前院有棵大櫸木，從發芽到落葉，我每天欣賞、百看不厭。工作空檔稍事休息時，喝杯茶，眺望窗外的樹木，就覺得心情平靜。前方道路上車流絡繹不絕，要是沒有這棵樹，不知道每天心情會有多煩躁，衷心感謝有這棵樹。

樹長得大，自然會產生很多落葉，我把這些落葉都珍惜地收集起來，鋪在植栽之間，這麼一來，就不會生出雜草。**枯葉下方的土壤不易乾燥，因此即使連續多日乾燥，土壤仍能保持適當的溼度**；窺探落葉下方，還會發現小蟲子很有活力地活動。關於樹木，我認為把落葉掃乾淨丟掉很可惜，於是堆回樹下，而且踩扁了就不會到處亂飄。倫敦街道上有很多很高大的樹木，看了就很舒服，在人擠人的城市裡有不少讓人稍事放鬆喘口氣的地方。

行道樹長得比建築物還高大，枝條自由伸展，除非有特定理由否則並不常修剪。樹種幾乎都是懸鈴木之類的落葉樹，因此到了深秋季節，落葉的量還真不是蓋的。我經常很有興趣地觀察，這些落葉會怎麼處理呢？通常不會馬上打掃，而是放置一陣子，直到所有樹木的葉子幾乎落完。至於掉下的落葉的去處是……在公園角落堆積成一座小山，就這樣放著直到春天。等到一整座落葉堆出的山在變低之後就加以粉碎，最後將落葉碎屑鋪到樹木、植物下方。

東京的行道樹看起來就弱不禁風，令人難過，不知道是不是居民和公家機關對待樹木的態度才導致如此。或許是民眾對於落葉的陳情，每次看到冬天定期修剪行道樹時，總覺得其實不必修剪到這種程度吧？如果能讓樹木更自由展枝，長成自然的樹型，對我們來說也賞心悅目。我想，行道樹的修剪作業，可說是只有日本才看得到的特殊景致。我不是一個凡事認為外國月亮比較圓的人，唯有這一點無論如何都難掩羨慕國外的心情呀！

樂趣就在儉樸的生活中

在義大利的鄉村生活是非常儉樸的，沒有任何奢華的享受，每天的生活總是維持平凡，一成不變。我們在日本認為生活中理所當然的東西，在義大利的鄉村生活中卻看不到的，是什麼呢？

其實很多，多到意想不到。直到最近還沒有幾戶人家有吸塵器，大家打掃都是用拖把、掃把。至於掃地機器人，他們可能連聽都沒聽過；洗衣機倒是有，但沒有烘乾機，因為只要有太陽曬乾就行了，當然不需要。講到微波爐，既沒看過也不需要，更沒有IH爐。話說回來，電視機是家家戶戶必備，因為鄉下地方是老年人的天堂，大家看電視度日的時間都很長。

鄉間的美麗屋瓦風景畫中也是電視天線和碟型天線林立，看了讓人有點掃興。

冷氣之類的空調也沒有，不過最近似乎慢慢增加了。另外，沒有宅配服務，也沒有銀行自動櫃員機，到加油站加油也不會有人來幫忙擦車窗。廁所和浴室都還維持傳統形式，要是當地人看到會自動沖水跟自動掀開上蓋的馬桶，一定會嚇一大跳吧！

這些東西在義大利的鄉間都沒有，是因為在自己的國家反對核電，所以要從鄰近的法國購買電力才這樣嗎？但左思右想都搞不懂義大利反核的理由……，倒是確實在一般家庭裡使用電力的電器產品並沒有那麼多。

沒有工作、成天在家中遊手好閒的年輕人不少，只得照顧年邁的父母。義大利政府也是號稱破產，情況並不樂觀。然而，沒有任何人因此心情低落，依舊很愉快高聲暢談，每天享受美食。

對於自己國家的經濟、政治表示「感覺厭煩」，同時又對自己國家的文化、歷史感到驕傲——在義大利的鄉村，這種人很多。不知道是不是因為他們就倚靠幾千年前的遺產，吃老本呢？

住在我樓下的是位獨居的老奶奶。附近鄰居很照顧她，每天會來幫她整理院子、採買日用品等。

隔壁則是父親任職於鐵道公司的五口之家，都是過著非常儉樸生活的普通人。即使家中沒有任何奢華的物品，也會熱情招待遠道而來的親友，讓對方住上好個星期，熱熱鬧鬧用餐。看我一個人也會說這樣太孤單了吧，邀我過去吃晚餐。看著他們的模樣，讓我不禁感受到，擁有許多身外之物，並不見得就代表幸福。

旅行的準備

義大利鄉村的人們都稱我是「girellona」，我查了字典，是「漂泊的人」、「遊蕩的人」的意思。這是在說我是來路不明、居無定所的人嗎？大概是因為才看到我出現，然後沒多久又像風一樣不見人影吧！「這次要待多久？」成了招呼語，不會有人追究我做什麼工作、過什麼樣的生活，即使被稱為「漂泊的人」倒也落得輕鬆愉快。

因為我不喜歡在旅程中帶著太多東西到處走，盡量減少行李就成了我的重要課題。可帶上飛機的隨身必需品很簡單，先把這些裝進包包裡，接下來就是重頭戲「收拾行李箱」了。

先把所有想帶的東西一字排開，接下來覺得不需要的就拿掉，與其用「加法」的方式挑選只要帶的東西，不如用「減法」刪去，整理起來更加輕鬆迅速。即使是最花時間的服裝，用這種方式也能在一個小時內收拾完畢。

建議服裝的色調控制在兩個顏色左右，比方說，黑白單色加海軍藍，或是黑白單色加棕色，也就是以黑白單色為基調，另一種顏色則憑當時的心情來決定。挑選完之後，把留下的衣物全部歸回衣櫃原位，再一次挑選出能多少耐寒的衣物。

歐洲的天氣比想像中還冷，比起因應酷熱，禦寒對策更是重要。義大利南部有時候到四月還會飄雪，英國到夏天也很涼，毛衣、大衣，有時候連靴子都不可或缺。

此外，隨身行李中帶一條輕質的披巾，鞋子則挑三雙不同款式的，除了隨身行李的包包之外，隨時帶一個可替換的包包。

從日本出發時，我會準備排水孔瀝水網、保鮮膜、處理炸油的凝固粉，以及魔術海綿等，對遊客而言看來都是些有點奇怪的東西，但這些在外國找不到的物品不但是我個人的必需品，送給當地的日本朋友也很受歡迎。當然，在國外找得到保鮮膜，不過都是開始用沒多久外盒就壞掉的劣質貨……。

至於從義大利回來時，我會帶很多橡膠手套。義大利的橡膠手套剪裁立體，非常實用，而且顏色漂亮，已成了我在廚房中不可或缺的物品。因為行李裝的都是這些東西，所以我實在不喜歡過海關時行李箱被開箱檢查，並不是因為帶了違禁品，而是物品特殊到有些難為情呢。

收贈的東西去哪裡了？

可能是時代變了，現在兩大送禮時節「夏季御中元」、「冬季御歲暮」也相對少了互相贈禮，內心深處覺得這樣真好。

各位可以想像嗎？收到的贈禮堆滿了整間房子，家裡連站都沒地方站。實際上，我真的聽身邊的朋友提過，屋主過世後，親人去幫他整理房子，結果清出不知道累積多少年的中元、年節親友贈品，堆得好高，最後丟棄的量非常嚇人。

雖然我收到的量還不到這種需要擔心的程度，但我習慣一收到贈禮就盡快分給身邊的人。尤其生鮮食品，一定會在當天分給眾人，絕不會放在盒子裡置之不理。享受美食就是趁著好吃的時候趕快吃掉，放久了只會變得難吃。但很多人是不是覺得一下子吃完太可惜、結果始終收在盒子裡根本沒拿出來過呢？

贈送的一方也會比較希望收贈者盡早吃掉吧？因為覺得「太可惜」而收著不吃，那才是真的「太可惜」了。趁著新鮮好吃時享用，才不枉費對方的一番心意。相對的，送禮餽贈更是個困難的大學問，這東西對方是不是真的想要呢？尤其食物或針對個人興趣的贈禮，除非很清楚對方的喜好，否則不要隨便贈送。

收到禮物之後千萬別忘記打通電話、傳個訊息，或是寫封信道謝。比方說，久未碰面聊聊懷念的話題，約定下次見面，哪怕只是寄張明信片也能充分表達心意。收到的贈禮多半都放在很氣派的盒子裡，但若是沒有適合的用途，將內容物分給眾人之後，就可以盡快將盒子拆開攤平折好，等到資源日準備回收。

給即將結婚的讀者們——廚房工具的建議

經常有人找我討論，新成立的家庭該準備些什麼才好。面對打算婚後要努力在廚藝上精進的男女，我會很高興地認真幫他們設想。如果男人也下廚，那是最理想的；為了有人能幫忙煮飯洗衣而結婚，已經是過時的想法，希望大家能建立起現代的新觀念，男女都該會做菜。自己要吃的東西自己動手做，跟性別毫無關係。

講到做菜，就從基本工具開始準備：

・「la base」的圓形調理盆、篩網、圓形淺盤的調理全套大型一組，中型一到兩組，小型二到三組。

・砧板一到兩塊，以及長形調理盤、過濾網，淺盤，各兩組。
・無水鍋大小尺寸一組，或是「Cherry Terrace」這間店裡賣的「CRISTEL 新手組合」一組。
・菜刀大、小各一把。
・附玻璃上蓋的平底鍋，20公分與26公分兩種尺寸各一把。
・適量的調理筷、湯杓、抹布等。

只要有這些工具，一般新家庭裡即使要招待客人，也能做出很像樣的料理。朋友的千金在成立新家庭之後，實際依照我的建議採買，表示剛剛好，絲毫不會感到過多或不足。

由於住宅裡廚房空間普遍受限，不要只關心怎麼使用，思考如何收納也很重要。因此，如果備齊上述的工具，並不會占用太大的空間。至於這些工具的數量，是我根據長期一個人在廚房的經驗計算出來的，我自己也以這個數量為基礎，隨時提醒自己盡量不要再增加。

即使要招待五、六位賓客，有了這些工具就能充分因應，從來不會因為工具不夠而無法施展；若日後家中成員增加，或是招待的賓客很常超過十人的話，可視需要的量再添購就好。

妥善利用

講到對餐具、器皿的愛好，我從來不落人後。有一陣子好愛買，有了喜歡的新餐具就覺得好開心。現在我全副心思都放在如何能善用這些餐具、器皿。

挑選餐具器皿時，考量的是喜不喜歡，而不是價格。在我的觀念裡，餐具器皿是日常使用的工具，不該像寶物一樣珍藏起來，因此就算價格高昂的款式，我也會在日常生活中使用。**要是買了卻不使用，愈貴的東西反倒愈可惜，也就是用了才有它的價值**。

挑選好用的器物，需要有點想像力，記得盡量找能夠一器多用的款式。看到器皿時，如果在腦中能浮現盛裝起各種料理的畫面，這件器皿最後就會經常出現在餐桌上。在擺設餐桌時，想像與其他器皿搭配起來的感覺也非常重要。

每一顆石頭都很珍貴，刻畫了地球的歷史。我要是走在路上遇到喜歡的小石頭，也會撿起來收集。有時候連路上撿的小石子比昂貴的器皿更美好，可見價格並不重要。用河邊撿到的小石子來當筷架也很可愛；平常我做醃漬醬菜或是烘焙甜點時用來加壓的石頭，就是在海邊撿到的。撿石頭很容易不小心就上癮，但我不只撿回來用，之後也會歸還到原處。這些取自大自然的物資，就像是向地球暫借而非占為己有，用完之後就要妥善歸還。開心撿石頭，玩賞一番之後就歸還大地，只留下真正需要的放在家裡。

我愛籃子

採用天然材質編製的籃子最讓我動心。看看籃子的材質就能了解當地的植物，因為自古以來，人們就會用身邊能採集到的植物來編織成籃子，運用在日常生活中。蘆葦、竹子或竹葉、木材或樹皮、植物藤蔓、柳葉、青草等這些都是常用的材料；而日本及亞洲各地又以竹子為絕大多數，竹子可以用來蓋房子、當作燃料、食物，還能製成生活小工具，也能當作藥材。亞洲地區的人們在生活中真是受到竹子的太多恩惠，少數民族還會用竹子來連接水道，因為竹子生長得很快，最好持續砍伐使用，真的是一種上天恩賜的絕佳植物。

義大利南部地區的籃子，主要使用的材料有橄欖樹的嫩枝、一種類似甘蔗的植物「美人蕉」，還有生長在水邊的蘆葦。到了葡萄的產地，籃子多半是適合用來採收葡萄的外型：籃身比較深，把手短。短把手的目的是為了在搬運沉重的葡萄時感覺比較輕，雙手也好抓。裝雞蛋的籃子外型是較深的長方形，讓雞蛋不會在籃子裡滾來滾去，把手也比較短。

過去有一段時間，我都拿籃子來製作瑞可達起司。因為能把水瀝得很乾淨。製作瑞可達起司的專用籃子小小的，非常好用，我在家裡也會拿來裝些小東西。

在義大利還有分「女籃」和「男籃」。女性編織的籃子手法輕柔，男性編織出的籃子通常堅韌牢固。到處追著籃子旅遊之際，讓我發現了這個特色。

英國鄉間有很多水質清澈的小河，生長出茂盛的水草。我很喜歡這種用水草編織的籃子，於是拜訪了創作者。原來她是在遭逢交通意外後，在復健期間學會編織籃子，現在這也成了她的工作。在冷冽的小河裡划著小船，割下水草，光是要帶回這些水草就是不容小覷的重量，很難想像是女性能負荷的工作。但即使身體受過傷，她也不以為意，工作起來仍然十分拚命，令人敬佩。

把割下的蘆葦運到一處自都鐸王朝起就存在的古老教堂裡，晾乾之後就開始編織。從小墊子、餐墊，到生產麻布專用的大籃子等，滿室的水草清香讓人精神為之一振，整個人都活了起來。乾燥之後加上光線照射下，原先的綠色轉為金黃，有另一種美。此外，英國有很多創作家使用到處生長的柳樹來編織籃子，製作時會選用柔軟的嫩枝。柳樹比想像中來得更多彩，呈現自然的漸層色調，美不勝收。

日本是稻米大國，也有用稻草編織的籃子。之前透過一位比我更喜愛籃子的友人介紹，認識了一位創作家，會將稻草用木槌很仔細敲扁之後，以類似搓紙繩的手法把稻草搓成細細的草繩，然後再用這些草繩來編成籃子，真的是慢工出細活的作業。還有一種是跑到山裡頭，用鏈鋸砍伐椴木，然後把椴木搬到池子邊浸泡後，剝下樹皮揉成細繩再編成籃子。而這從頭到尾的作業都不是強壯的男性，是一名瘦弱可愛的女性作家一手包辦。完成的籃子作品觸感非常棒，造型簡單卻很優美；使用得愈久質地益發柔軟，感覺好像逐漸成為自己的一部分，好開心。

我跟一些喜愛籃子的人，通常第一次見面就很有話聊。可能是因為同樣喜歡大自然，喜歡天然好物，有著相同的價值觀吧！

結語　希望舒服地道別

有天，穿著靴子走在街上，突然覺得腳底不太穩，走起路來一拐一拐。回到家之後仔細一看，才發現鞋底出現裂痕，一副就要脫落的樣子。就算鞋面表皮還很新，但鞋底已經變成這樣也只能跟這雙靴子說再見了。已經穿了十五年，因此道別時可以很舒服，說一聲「你表現得很好哦！」這種能讓我穿到最後一刻舒服道別的鞋子，已經是第五雙了。

不過，老實說，當初購買前也有試穿過，但買了之後實際穿上走一段距離後，每踏出一步都難受的鞋子，我也買過不少雙，這就是難以抵擋一年一度大拍賣時推出的新鞋款。每次都忍不住心想「自己還真是學不會教訓啊」。穿到壞的鞋、穿到破的衣服、用到淋漓盡致的工具，這些都是因為穿起來舒服、用起來舒服，才能用得這麼久。就像喝到最後一滴仍讓人發自內心感到滿足的葡萄酒，能夠買到、用到這些物品都會覺得慶幸。

重新檢視自己手邊的物品，會發現其實有不少就算買回家也不覺得特別滿意，也就是沒能用到極致、完成使命的物品。

像是一時衝動買的純白色包包、沒什麼機會用到的海豹皮手拿包、手工小飾品、各類禮物等，形形色色，又得傷腦筋該怎麼處理掉。明明我的原則就是要把東西充分使用，竟還是要面對這個情況，雖然覺得有點丟臉，但現況確實如此。在東西多到呈現消化不良的狀態下，忍不住開始碎唸自己，不停反省「這些東西被我買到真是太可憐了」。本來在講鞋底的事，話題怎麼離得這麼遠了？總之，就跟這些身外之物一樣，最近我在思考，被賦予生命的個體，好比自己，也希望能發揮得淋漓盡致，到最後一刻舒服地和世界道別。一天一天，踏實度過每一日，最後能帶著清爽的笑容離開，是我接下來的人生課題。

TAMENAI KURASHI by Yoko Arimoto
Copyright © 2016 Yoko Arimoto
Original Japanese edition published by DAIWA SHOBO CO., LTD.
Traditional Chinese translation copyright © 2021 by JingHao Publishing Co., Ltd.
This Traditional Chinese edition published by arrangement with DAIWA SHOBO CO., LTD.
through HonnoKizuna, Inc., Tokyo, and
Keio Cultural Enterprise Co., Ltd.

---

taste
T
02

剛剛好的生活練習

料理研究家的不堆積品味生活

作　　者／有元葉子
譯　　者／葉韋利
攝　　影／中本浩平
封面設計／Rika Su
內文排版／王氏研創藝術有限公司
特約編輯／J.J.CHIEN

出　　版／境好出版事業有限公司
總 編 輯／黃文慧
主　　編／蕭歆儀
會計行政／簡佩鈺

地　　址／ 10491 台北市中山區松江路 131-6 號 3 樓
粉 絲 團／ https://www.facebook.com/JinghaoBOOK
電　　話／ (02)2516-6892
傳　　真／ (02)2516-6891

發　　行／采實文化事業股份有限公司
地　　址／ 10457 台北市中山區南京東路二段 95 號 9 樓
電　　話／ (02)2511-9798
傳　　真／ (02)2571-3298
電子信箱／ acme@acmebook.com.tw
采實官網／ www.acmebook.com.tw

法律顧問／第一國際法律事務所　余淑杏律師

定　　價／ 380 元
初版一刷／ 2022 年 4 月
ISBN ／ 978-626-7087-21-3

國家圖書館出版品預行編目資料

剛剛好的生活練習：料理研究家的不堆積品味生活 / 有元葉子
著；葉韋利譯 . -- 臺北市：境好出版事業有限公司 , 2022.04
　面；　公分（譯自：ためない暮らし）
ISBN 978-626-7087-21-3(平裝)
1.CST: 家政 2.CST: 家庭佈置
420　　　　　　　　　　　　　　111001637

4/6-5/31 完